注塑产品缺陷图析

田书竹　编著

化学工业出版社
·北京·

本书将注塑产品常见缺陷归纳总结，一共包括40种单一缺陷和4种综合缺陷，并附上实际生产中的注塑产品缺陷图，针对各类产品缺陷给出成因分析和材料、工艺、设备、模具等方面的解决方法。最后编者还为读者提供了塑料产品缺陷分析的思维导图，使读者在分析产品缺陷时有整体而清晰的思路。

本书可供注塑相关设计和生产人员培训学习使用，也可作为各大专院校相关专业学生的参考书。

图书在版编目（CIP）数据

注塑产品缺陷图析/田书竹编著.—北京：化学工业出版社，2019.1（2025.4重印）
ISBN 978-7-122-33436-7

Ⅰ.①注… Ⅱ.①田… Ⅲ.①注塑-化工产品-缺陷-图解 Ⅳ.①TQ320.66-64

中国版本图书馆CIP数据核字（2018）第280707号

责任编辑：高　宁　仇志刚　　装帧设计：刘丽华
责任校对：王鹏飞

出版发行：化学工业出版社（北京市东城区青年湖南街13号　邮政编码100011）
印　　装：涿州市般润文化传播有限公司
710mm×1000mm　1/16　印张$11\frac{1}{2}$　字数202千字　2025年4月北京第1版第7次印刷

购书咨询：010-64518888　　售后服务：010-64518899
网　　址：http://www.cip.com.cn

定　　价：58.00元　

前言

随着社会的不断发展和人们生活水平的提升，消费者对于所消费产品质量的要求也不断提高，所以塑料产品的质量也要相应提升。客户要求注塑加工企业生产出的塑料产品基本上都是零缺陷。为了满足客户对产品质量的要求，对塑料产品所涉及的相关因素和技术的要求也相应提高。

生产一个塑料产品，需要从产品设计源头开始考虑，材料选择、模具加工制造精度、注塑机的选择、注塑辅助设备的合理性以及注塑工艺参数等因素都是相互影响的。目前多数注塑加工企业盈利能力基本上都很弱，而客户又希望注塑产品价格越来越低。加工制造企业面临两难的境地，因此迫切需要降低生产成本，提升塑料产品质量。对于产品设计的合理性、材料选择合理性、模具设计与加工制造水平、加工设备和注塑工艺等提出了更高的要求。产品设计师、模具设计师、模具加工工程师、注塑工程师等也需要有更丰富的解决问题的经验。笔者希望通过编写这本书，让广大塑料产品设计人员、注塑行业人员、模具人员以塑料产品缺陷为起点，全方位分析塑料产品产生缺陷的原因，从开发设计到注射成型全面解决问题。更希望行业人员走出塑料产品缺陷的解决仅仅是注塑工程师需要考虑的问题这一误区。

本书对每一种类型的注塑产品缺陷与解决的方案进行剖析，图文并茂地进行讲解，让想进入模具行业、注塑行业的技术人员更容易理解和学习。针对部分较难的塑料产品缺陷会有案例进行分析，对于所存在的问题思路进行讲解，再给出实践的解决方案，对于初学者有很好的指引作用。本书最后通过思维导图把注塑产品缺陷与相关影响因子进行关联，便于读者更好地记忆本书的内容，最终达到学以致用的目的。

最后感谢为本书提供素材和注塑缺陷图片的同行们，有你们的支持与技术的分享，行业的发展才会越来越好。编者水平有限，不妥之处请读者批评指正。

编者

2018年10月

目录

第1章

注塑产品缺陷概述及分析方法

1.1 客户对塑料产品的基本要求

在产品开发阶段，尽管客户没有对产品性能的标准化检测要求，但客户会对产品有初步的品质要求。这些品质要求主要是针对电器部分、机械传动部分、五金零部件、塑料零部件等有概念性的要求，当然多数也是参考行业的标准。如果客户对于产品的定位更高，其相应的品质标准也会提升，同时也会增加产品的成本。

对于新产品，客户特别关注的是：产品的技术特性和指定的功能；为使顾客更加方便、舒适等所增加的功能；产品完成规定功能的准确性；达到规定使用寿命的概率。这些功能性的标准对于加工制造企业基本上没有商量的空间。至于外观不良问题，则要分析外观问题是否会导致功能问题或对功能存在潜在的风险。为了满足整个产品的功能要求，也会对塑料产品做相对应的功能性测试，比如安全测试、老化测试、装配的可靠性测试、强度测试等。任何一个塑料产品都有明确的应用场所，所以需要进行的测试项目也会不尽相同。

对于整个产品功能没有直接影响的外观缺陷，比如飞边、顶白、托伤、缩水、缺料、气纹等，可以根据注塑后的样品与客户进行沟通交流，商讨一个都可以接受的检验标准和接受限度。当客户实在无法接受某些外观缺陷时，客户和加工制造企业就需要商讨是否增加一些塑料产品的后处理工艺，来填补注射成型后的塑料产品缺陷，比如喷油、电镀、贴胶纸、拉布网等。

1.2 塑料产品基本验收方法的制定

塑料产品的缺陷基本分为以下三种。

1 致命缺陷：与安全有关的缺陷，如突出的锐角、漏电、有毒等危害人体健康和安全的缺陷。所以，对于塑料产品来说，前期的结构设计尽量不要存在锐角，材料的选择要考虑环保，安全性能测试是至关重要的一步。

2 严重缺陷：与产品安全无关、与产品功能有关的缺陷，如产品较脆、填充不足、功能不全或不稳定、影响或危及人身安全的缺陷。塑料产品的开裂、连接装配关系的失效、材料分解、气泡、熔接线位置强度差异等缺陷都会造成产品功能的失效或存在安全隐患。

3 轻微缺陷：不影响使用、但是影响产品美观性的缺陷，比如刮伤、色差、毛边、装配断差等。这些缺陷在不影响功能的前提下，属于塑料产品的轻微缺陷。

塑料产品只要出现致命缺陷或严重缺陷就一律是不合格的。只有产品出现轻微缺陷的情况下，才可以和客户商量有条件接收或者限度样品接收。因此产品的轻微缺陷也是平时关注最多、争议最集中的地方。

对于新开发的产品，客户一般是没有检验标准的。所以在新产品导入的阶段，加工制造企业需要与客户商讨新产品的验收标准，然后加工制造企业根据商讨的结果和公司内部的生产状况，制定可行的塑料产品验收标准，由加工制造企业的对口人员把初定的标准提交客户对口人员并得到确认。通过正式的确认后，加工制造企业使用公司内部的管理标准性文件规范新产品的检验标准。后续生产就按公司的标准化文件去执行。如果加工制造企业本来就拥有一套系统的检验标准，可以用公司内部的标准去引导客户并使用。塑料产品标准制定流程如图1-1所示。

图1-1 塑料产品标准制定流程

1.3 塑料产品产生缺陷的原因

塑料产品产生缺陷的主要原因有以下几点。

1 产品设计的原因。产品设计的时候没有充分考虑成型过程中会产生哪些问题，这多数是由于产品设计师经验不足造成的。还有一种原因就是已经考虑到了注塑的问题，但是由于产品结构空间的限制，无法达到完美的程度所造成的先天性设计缺陷。

2 模具设计与加工的原因。模具设计对于后续产品的缺陷及生产效率都会有很大的影响。不同的浇口大小和位置、顶针位置的排布、冷却系统设计的不合理、排气系统的设计不合理或不充分等，都会导致塑料产品的缺陷。

3 注塑工艺参数不合理。注射压力、速度、位置、温度、时间的不合理设定对于产品的外观也会存在影响。行业流传一句话：七分模具，三分工艺。可见模具的好坏对于产品的影响会更大。

4 塑料材料的影响。在生产过程中，很容易就能够判断材料有多大的影响。更换不同材料产生的外观缺陷是否相同，有待进一步的验证。

5 注塑机的影响。不同型号或新旧的注塑机会对产品的外观有影响，但是对于产品的外观缺陷没有决定性的影响。

6 人员操作的规范性。塑料产品的外观缺陷问题绝大部分都可以通过产品结构、模具设计和注塑工艺进行改善和优化。所以这些因素也是解决产品问题的重要部分。

1.4 塑料产品缺陷的分析方法

注塑产品原则上都是依据客户的要求来加工制造的，但在实际注塑生产过程中，产品形态和性能的变化仍是相当广泛而复杂的。注塑时，我们需要从塑料产品所产生的缺陷来准确分析，判断问题原因所在，找出有效的解决方法，这是一种专业性很强的技术及经验的综合能力的体现。

正确处理注塑缺陷的方法如图1-2所示。

图1-2　正确处理注塑缺陷的方法

定义 出现何种缺陷，它发生于什么时候，什么位置，频次如何，不良数、不良率是多少？

测量 外观质量目视测量，内在质量通过短射分析测量，尺寸大小用量具测量，颜色通过目视或色差仪测量。

分析 根据外观对缺陷进行区分后，从塑料材料、注塑机、模具结构、注塑工艺和产品结构设计等方面对缺陷进行分析，找出问题的原因。

改善 找到产品缺陷的原因所在后，进行针对性的改善工作。

控制 通过改善后的跟进，保证产品没有品质问题，建立管控标准。

任何注塑产品缺陷都具有一定的共性，问题的分析思路基本上相同。为了让注塑产品问题的分析形象化、简单化，下面将分析思路做简单的描述。图1-3、图1-4所示为注塑参数和注塑工艺的分析过程。

塑料产品缺陷的影响因素是多方面的，问题需要逐个参数排除，不必按固定顺序确认，只要思路清晰，不混乱，有方法就可以。

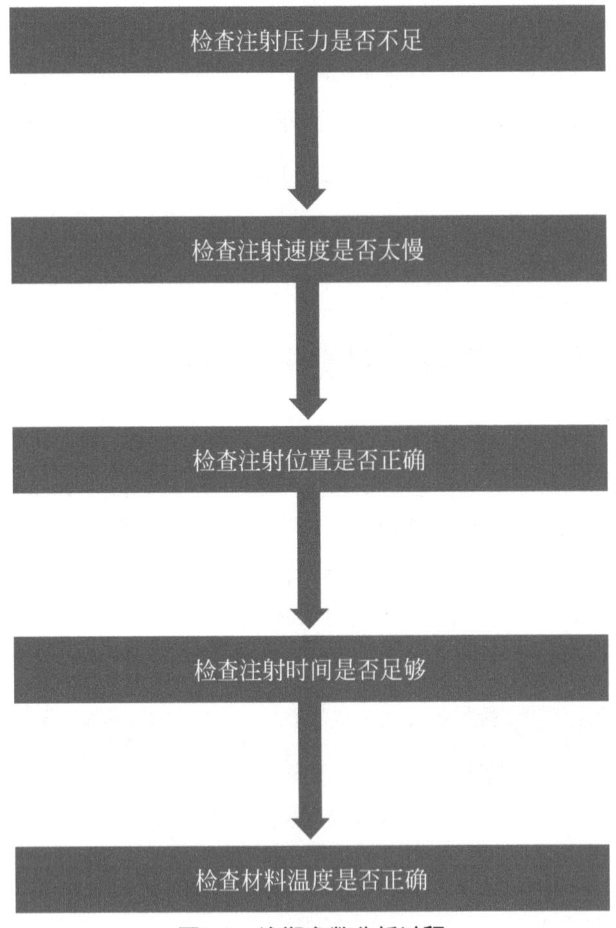

图1-3 注塑参数分析过程

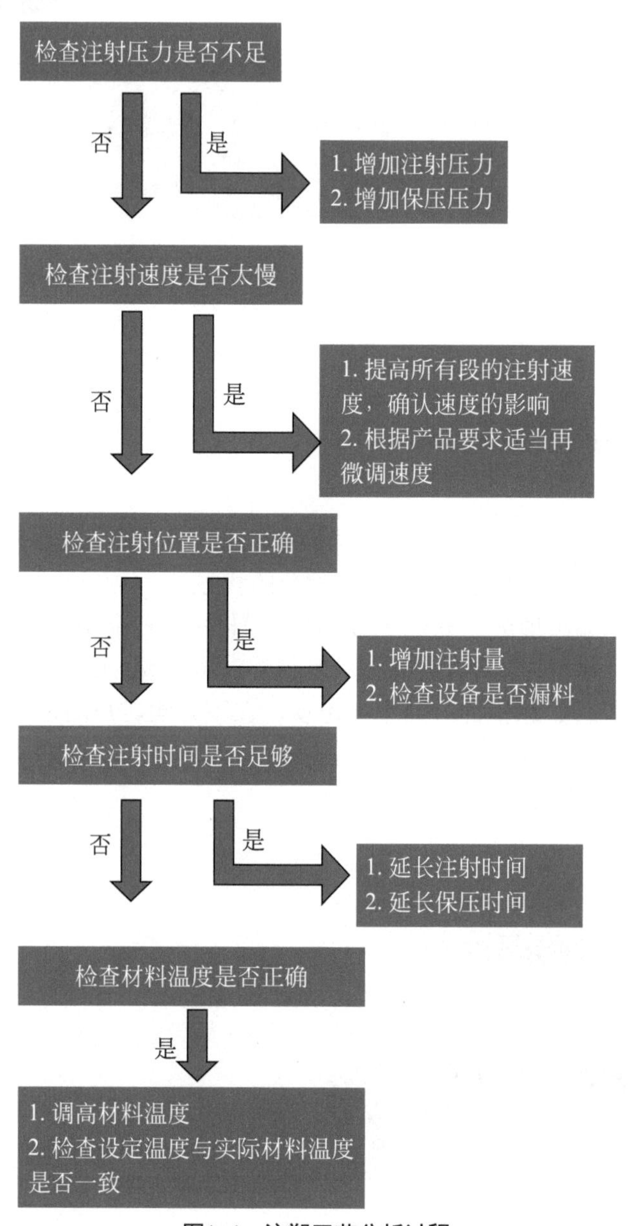

图1-4　注塑工艺分析过程

第2章

填充不足

2.1 缺陷定义

填充不足（缺料、短射）是指熔融塑料在注射时，未完全填充满模具型腔内某个角落，即产品未填充完整、缺少一部分的状态。

材料流动末端出现部分不完整现象或一模出多穴产品中有一部分填充不满，特别是薄壁区、薄筋位、深筋位或流动路径的末端区域。填充不足这种缺陷在大尺寸产品或多骨位、超薄的产品中易出现，在不影响客户的使用情况下，可以和客户进行商量确认收货标准，这也是企业生产的塑料产品的作业指导书中的内容。一般情况下该缺陷属于轻微缺陷。

2.2 缺陷图片

图2-1 填充不足缺陷图片1

图2-1～图2-10是填充不足的缺陷图片。

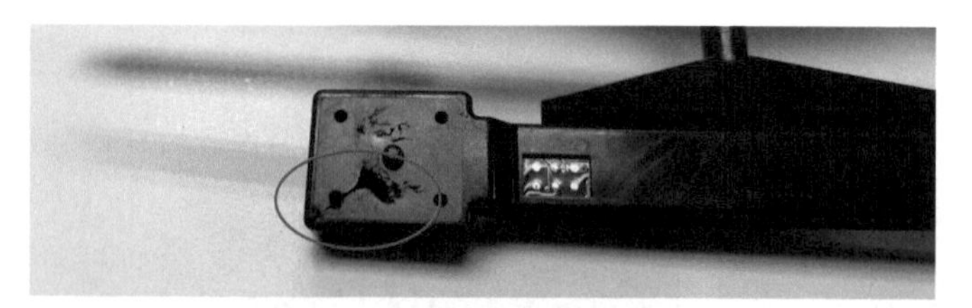

图2-2 填充不足缺陷图片2

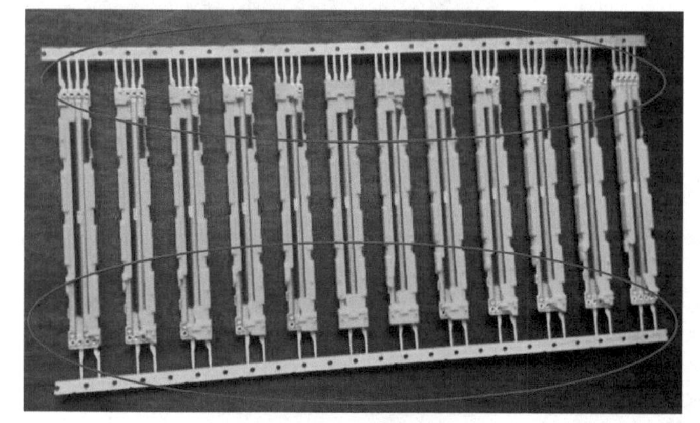

图2-3 填充不足缺陷图片3

图2-4 填充不足缺陷图片4

图2-5 填充不足缺陷图片5

图2-6 填充不足缺陷图片6

图2-7 填充不足缺陷图片7

图2-8 填充不足缺陷图片8

图2-9 填充不足缺陷图片9

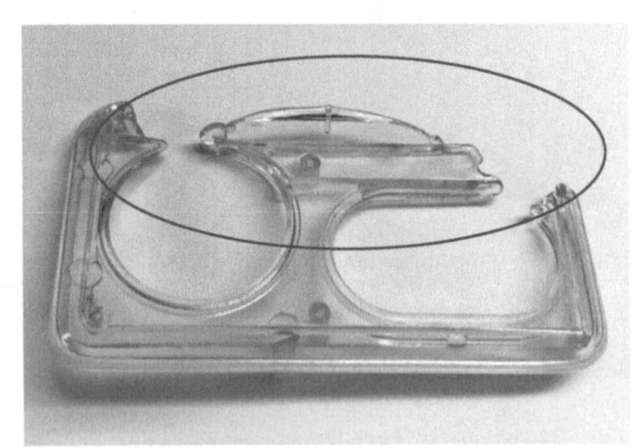

图2-10 填充不足缺陷图片10

2.3 原因分析思路

产生填充不足的缺陷时，利用人、机、料、法、环的方法进行原因分析。人、机、料、法、环是对全面质量管理理论中的五个影响产品质量的主要因素的简称。人，指制造产品的人员；机，指制造产品所用的设备；料，指制造产品所使用的原材料；法，指制造产品所使用的方法；环，指产品制造过程中所处的环境。人员、机器、原料、方法、环境是工业制造企业管理中所讲的五要素。针对塑料产品缺陷，人就是产品设计人员，机就是注塑机及模具，料就是注塑原材料，法就是注塑工艺参数，环就是注塑的环境。

将影响产品的所有因素进行分类汇总。从产品开发到产品确认的过程中，逐步进行分析。图2-11所示为填充不足的原因分析。

根据图2-11中的影响因素，针对填充不足这个问题，按图2-12所示流程进行分析并解决。

产品设计因素
材料因素
注塑机因素
填充不足
模具因素
注塑工艺因素

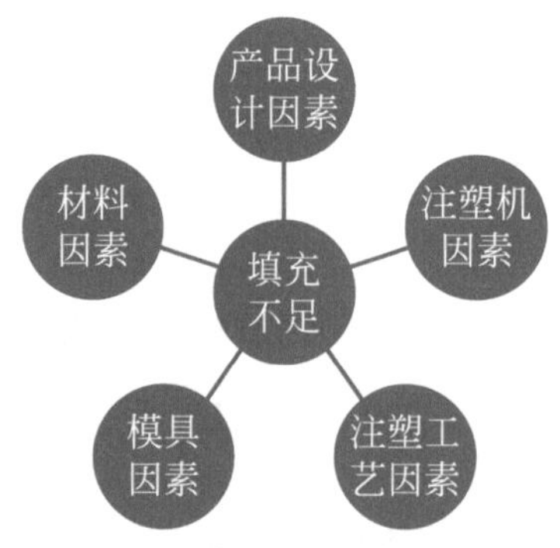

图2-11　填充不足的原因分析

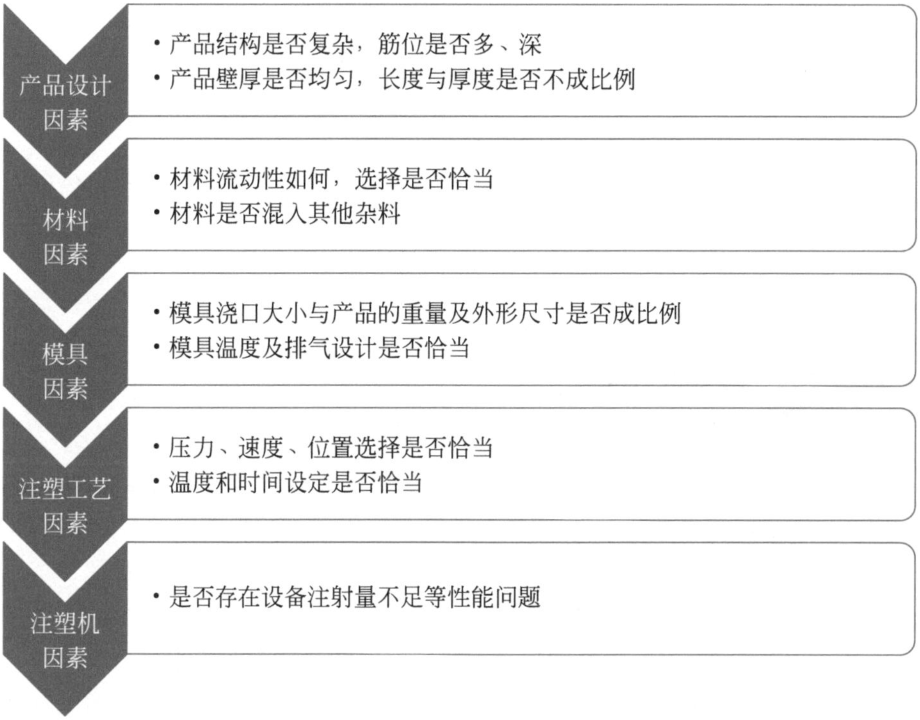

产品设计因素
• 产品结构是否复杂，筋位是否多、深
• 产品壁厚是否均匀，长度与厚度是否不成比例
材料因素
• 材料流动性如何，选择是否恰当
• 材料是否混入其他杂料
模具因素
• 模具浇口大小与产品的重量及外形尺寸是否成比例
• 模具温度及排气设计是否恰当
注塑工艺因素
• 压力、速度、位置选择是否恰当
• 温度和时间设定是否恰当
注塑机因素
• 是否存在设备注射量不足等性能问题

图2-12　填充不足的分析流程

对于产品设计、材料和模具方面的原因，有经验的技术人员看到产品时，就比较容易初步判断是否与这些因素有直接关系。进行初步确认后，再有针对性地对注塑工艺参数进行调整，有更明确的思路，从而找到产品缺陷的具体原因。

针对填充不足的注塑缺陷，首先对注射速度进行调整，看是否有明显的改善，再将注射终点位置前移。若产品仅仅只有很少的部位填充不足时，可以适当提高模温和料温。

2.4 原因分类

产品设计 产品的厚度与长度不成比例，材料无法流动到产品的末端；形状结构复杂；筋位多、深，都会造成注射压力损失大及容易困气。

材　料
1 材料流动性差。
2 冷料杂质阻塞流道。

模　具
1 浇注系统设计不合理。
2 模具排气不良。
3 模具温度太低。

注塑工艺
1 熔料的温度太低。
2 喷嘴的温度太低。
3 注射压力或保压压力不足。
4 注射速度太慢。
5 注射时间不够。

注塑机
1 设备选型不当，注射压力不足。
2 注射螺杆的止逆环与料筒磨损导致间隙较大时，熔料在料筒中回流严重会引起供料不足，导致欠注。

2.5 解决方案

产品设计 设计塑件的形体结构时，应注意塑件的厚度与熔料填充时的极限流动长度。在注射成型中，塑件的厚度通常为1～3mm，大型塑件为3～6mm。

材　料
1 更换材料或添加助剂以改善流动性。
2 将喷嘴拆下清理或扩大模具冷料穴和流道截面面积。

模　具
1 设计浇注系统时要注意浇口平衡。在流动过程中，浇口或流道压力损失太大，流动受阻。对此要扩大流道截面和浇口面积或采用多点进料。
2 残留的大量气体受到流料挤压时，阻碍熔料充填，要加开排气槽。
3 由于模具设计过程中，要充分考虑模具的温度控制系统，否则会造成熔料在进入模腔后，整个模板的温度不可控，因冷却太快而无法充满型腔的各个角落。

注塑工艺
1 升高温度，但要注意防止温度过高，从而使材料发生碳化。
2 升高喷嘴温度。
3 根据产品实际情况调整压力。

4 如果注射速度太慢，熔料填充缓慢，低速流动的熔体就很容易冷却，使其流动性能进一步下降产生欠注，所以应适当加快注射速度。

5 延长注射时间。

注塑机 1 在选用注塑机时，单模的注射总重量不能超出注塑机塑化量的80%。

2 调整料筒与射料螺杆及止逆环的间隙，修复设备。

2.6 案例分析

2.6.1 产品介绍

图2-13所示为填充不足的案例。图2-13中产品材料为LCP（液晶聚合物），底部平面为最薄部位，壁厚为0.20mm。产品外形尺寸为11mm×11mm×3mm。模具采用直接浇口侧进料方式。由于产品结构具有特殊性，在成型过程中，只能采用低压、低速注射。

成型条件如下。

模具成型温度 100～120℃。

成型材料温度 300～330℃。

注射速度 一段80mm/s；二段50mm/s。

注射压力 800kgf/cm^2。

注射时间 1s。

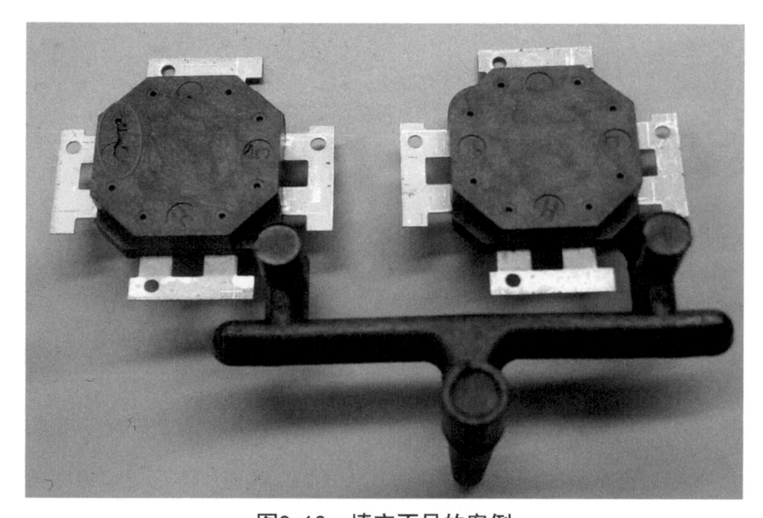

图2-13 填充不足的案例

2.6.2 产品问题

产品最后熔接位置在产品最薄的平面，填充不足、不稳定。

2.6.3 原因及对策

（1）原因分析

注射过程中，对于产品最薄的部位，注射充满本来就不容易。注射时产品的熔接位置也出现在最薄位处，给产品成型更是带来了一定的困难。通过对注射样品进行分析，发现造成填充不足的主要原因是模具型腔内的气体无法快速排出。

（2）方案对策

在模具分模面上的四个角位加开排气位置；直接浇口进料位置向薄料位移动，尽量让熔融的塑料先流向薄料部位；动模侧的顶针加开排气槽，以满足快速成型；流道加开排气槽，要求流道末端出现小飞边（批锋），以保证流道内的气体完全从流道上的排气槽排出模具外。

第3章

产品重量不稳定

3.1 缺陷定义

产品重量不稳定（注塑不稳定）是指塑料产品的重量达不到设定的标准重量，并伴随着有超出允许范围的变动。

这种情况可能会对产品功能性有所影响。产品重量增加的话，注塑企业的生产成本也会增加。产品重量不稳定属于轻微缺陷，一般这类型的检验标准允许重量变动范围量为3% ～ 5%，标准因产品重量大小而异。

3.2 缺陷图片

图3-1为产品重量不稳定的缺陷图片，如图所示，同样的两个产品质量分别为143.8g和152.4g。

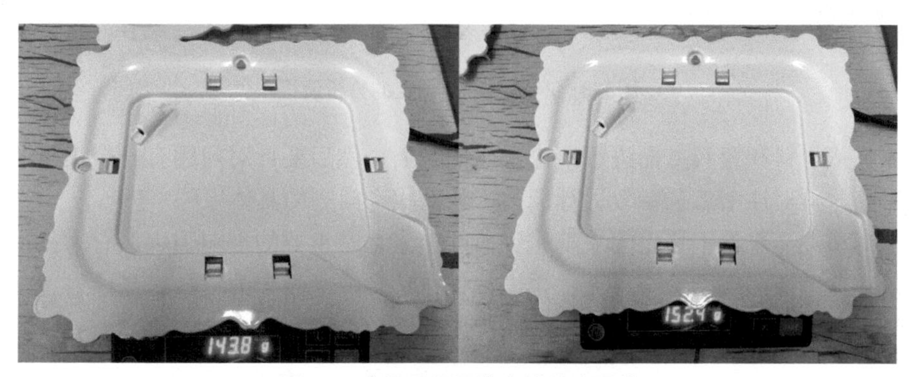

图3-1　产品重量不稳定的缺陷图片

3.3 原因分析思路

当产品重量不稳定时，利用人、机、料、法、环的方法进行分析，将影响产品的所有因素进行分类汇总。产品的结构固定下来后，产品的重量就没有变化了。图3-2所示为产品重量不稳定的原因分析。

图3-2　产品重量不稳定的原因分析

根据图3-2中的影响因素，针对重量不稳定问题，按图3-3所示流程进行分析。

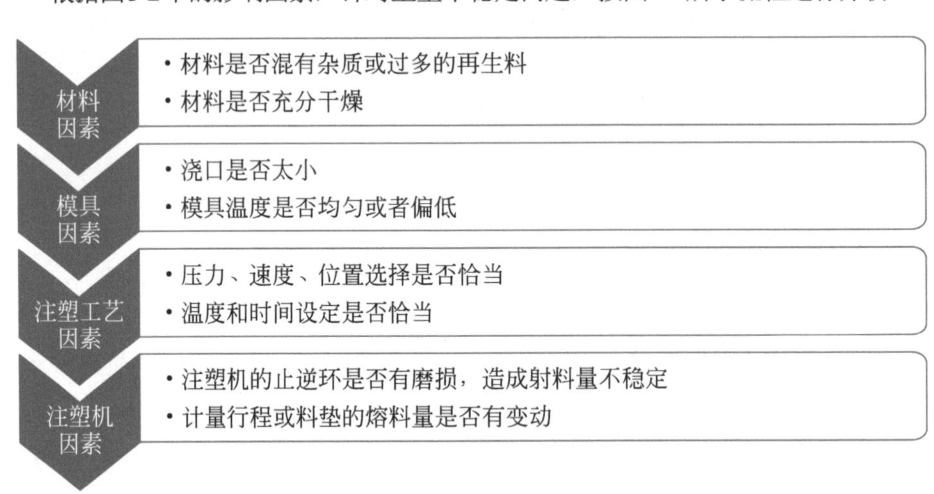

图3-3　产品重量不稳定的分析流程

先从材料和模具方面进行一个初步的判断，然后要针对问题有一个大概的分析思路，再对注塑工艺参数进行调整，从而找到问题的具体原因。

对于产品重量不稳定的缺陷来说，注塑工艺是主要的影响因素。有时候由于注射速度过快，产品冷却后无法再继续保压达到产品设定的重量。当注射速度过慢时，产品远端没有填充饱满，产品重量同样也会受到影响。

3.4 原因分类

材　料
1. 塑料材料中有杂质，而杂质的密度又比所使用的材料密度小，所以熔融后的材料重量存在差异。
2. 塑料干燥程度不足，含水量过大。
3. 塑料质量不稳定（有添加回收料）。

模　具
1. 浇口太小，导致无法完全填充模具型腔。
2. 模具温度不均匀或者偏低。

注塑工艺
1. 熔融塑料的背压不足，导致材料内有气体，移动同样多的距离，重量却偏小。
2. 料斗下料不稳定，料筒内有一部分空洞，造成偏差。
3. 注射时间不足，未填充满时，设定的注射时间已用完。
4. 保压时间和压力不足。

注塑机
1. 注塑机的止逆环有磨损，注射过程中，熔融料有回流现象，导致注射量不稳定。
2. 计量行程或料垫的熔料量有变动。
3. 锁模力不足，这种情况下产品重量会有所增加。

3.5 解决方案

材　料
1. 清洁生产设备，防止产生杂质。
2. 充分干燥材料。
3. 使用不加再生料的纯原料。

模　具
1. 加大浇口。
2. 调整模具温度。

注塑工艺
1. 增加熔融料背压，排出料筒内的气体。
2. 拆下料斗进行检查与疏通。
3. 延长注射时间。
4. 延长保压时间，加大保压压力。

注塑机
1. 更换注塑机配件。
2. 检测设备的稳定性。
3. 调大锁模力或更换大吨位的注塑机。

第4章

变形

4.1 缺陷定义

变形（翘曲、扭曲）是指注塑时，模具内的材料受到高压而产生内部应力，导致脱模时注塑产品的形状偏离了产品设计的形状和模具型腔固有的形状，注塑的塑料产品外形尺寸与产品设计的尺寸有较大差异（收缩翘曲），并发生不规则的弯曲。

塑料产品的变形是不可避免的，只是有轻微和严重之分。如果产品的变形量小于0.05mm，客户基本上不会提及这个问题。如果影响产品功能性的组装或由于变形装配后有明显的断差，从而影响产品的外观，那么这种程度的变形需要根据客户的具体使用状况，才能确定是严重缺陷或轻微缺陷。

4.2 缺陷图片

图4-1～图4-4是产品变形的缺陷图片。

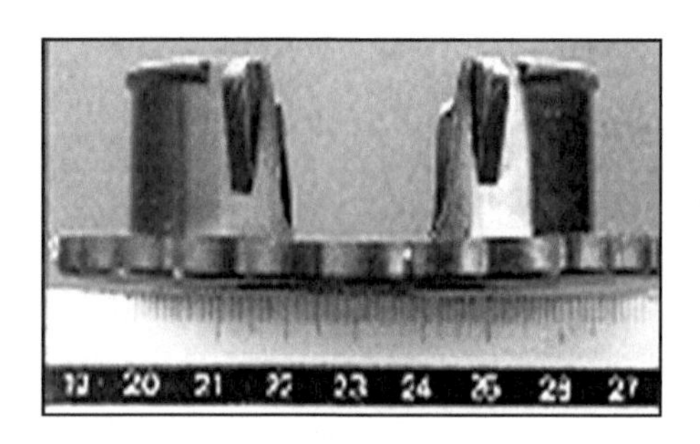

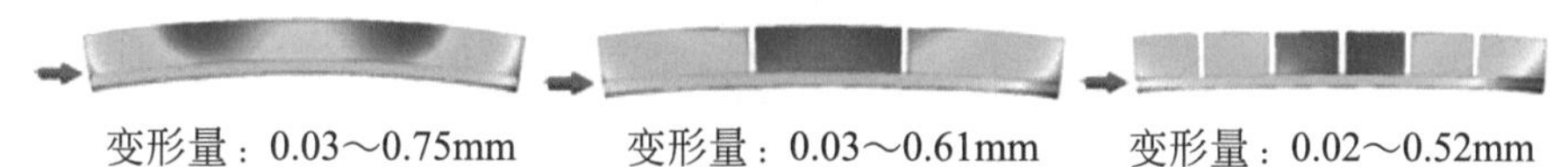

图4-1　产品变形的缺陷图片1

图4-2　产品变形的缺陷图片2

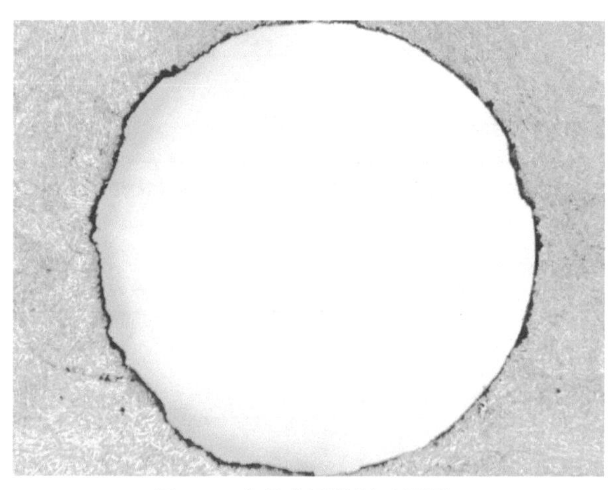

图4-3　产品变形的缺陷图片3

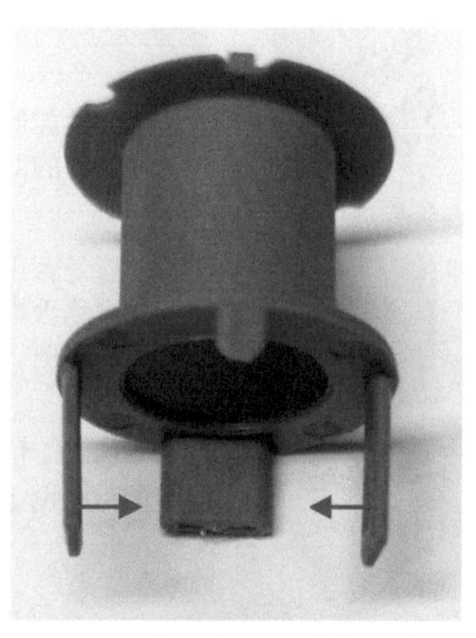

图4-4　产品变形的缺陷图片4

4.3 原因分析思路

利用人、机、料、法、环的方法进行产品变形分析，将影响产品的所有因素进行分类汇总，再根据产品开发的流程进行分析。图4-5所示为产品变形的原因分析。

操作因素
产品设计因素
注塑工艺因素
变形
材料因素
模具因素

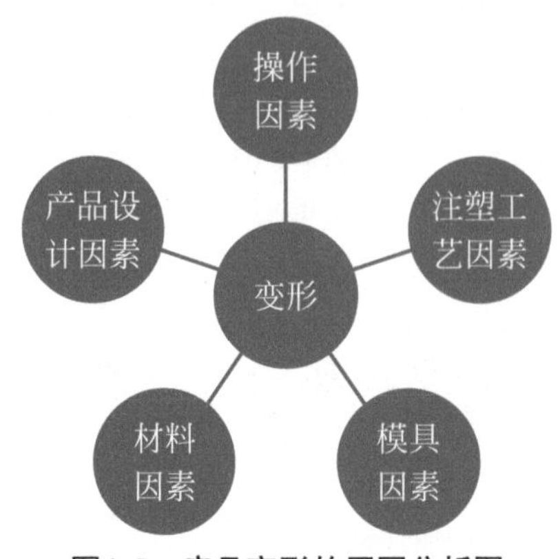

图4-5 产品变形的原因分析图

根据图4-5中的影响因素，针对变形问题，按图4-6所示流程进行分析。

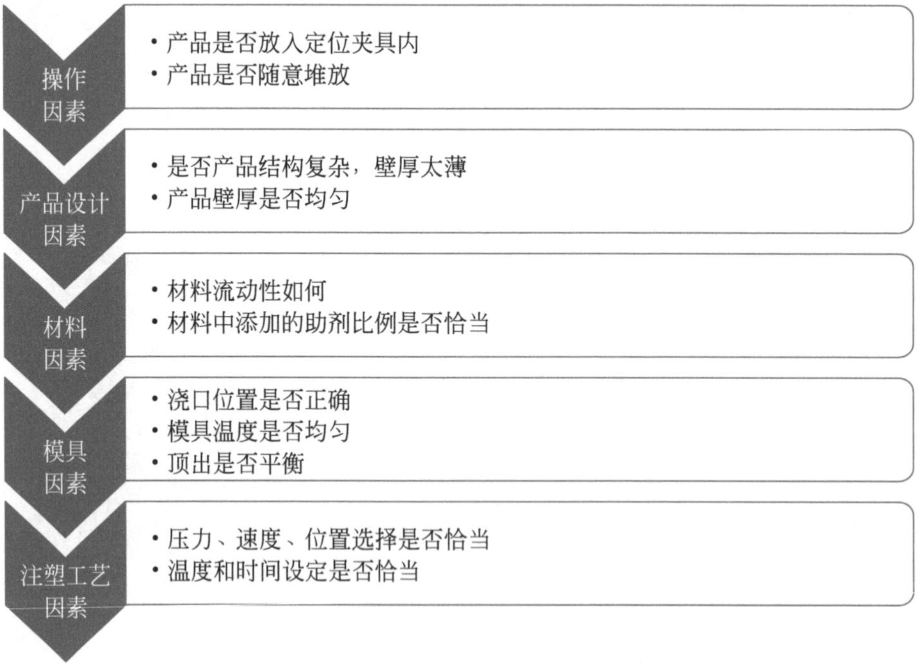

操作因素
·产品是否放入定位夹具内
·产品是否随意堆放
产品设计因素
·是否产品结构复杂，壁厚太薄
·产品壁厚是否均匀
材料因素
·材料流动性如何
·材料中添加的助剂比例是否恰当
模具因素
·浇口位置是否正确
·模具温度是否均匀
·顶出是否平衡
注塑工艺因素
·压力、速度、位置选择是否恰当
·温度和时间设定是否恰当

图4-6 产品变形的原因分析流程

首先对操作方法、产品设计、材料和模具方面的原因进行初步的判断，确定是否是这些方面的问题所影响的。如果不是，再对注塑工艺进行调整参数，就会有更明确的参数调整思路，从而找出产品具体问题的原因。

注塑工艺对于产品变形的影响是很明显的，注射速度和注射压力是最重要的两个影响参数。所以在调整成型工艺参数时，重点关注这两个参数方面的调整。

4.4 原因分类

操　作 操作习惯不好。操作员不按照规定放置顶出的制品，产品在还未完全冷却时可能产生了翘曲。

产品设计 产品结构设计不合理，壁厚差异大。产品形状结构异常复杂。

材　料
1 塑料含水量过多（除湿干燥不完全）。
2 对塑料的收缩量预估不正确（模具预缩量）。
3 材料的流动性不佳。
4 材料中添加的助剂比例不当。

模　具
1 前后模具温差大。
2 模具温度太低。
3 模穴厚薄差异太大。
4 浇口的数目或位置不当。
5 浇口太小、流道太长。
6 顶出不均。顶出时产品未完全冷却，顶出不直、不均，产品容易翘曲或顶针位置选择不当。
7 冷却水路设计不适当，冷却效率不均匀。

注塑工艺
1 料筒温度太低。当料筒温度太低时，熔融温度低，残余剪切应力大，容易翘曲。
2 喷嘴温度太低。喷嘴和模具接触部位带走的热量太多，料温就会降下来，勉强以高速成形时，残余剪切应力大，容易翘曲。
3 射出压力太高。
4 保压压力或保压时间不当。
5 冷却时间不当。
6 缓充不够，型腔内填充不足。

4.5 解决方案

操　作 注塑完成后把产品放入指定的位置，规范操作。

产品设计 改变产品厚度设计，要保证壁厚能够承受产品的变形力，或做预变形校正的结构设计来改善翘曲现象。

材　料
1 检查塑料干燥程度及含水量。
2 检查塑料成形收缩率，比较材料供应商建议值与实际收缩量之差异，或在模具上做预变形来校正材料的收缩变形。
3 选用优质、强度好的材料。一般情况下，塑料材料的密度越小，产品的收缩变形就会越大。
4 适当调整材料助剂的配比。

模　具
1 尽量减少模具温差。
2 模具温度要达到材料所需要的范围。
3 调整模具设计结构，减少差异。
4 对产品进行模具流动性分析，重新确认浇口位置是否合理。
5 加大流道或减少模穴数量。
6 合理设计顶出位置。
7 合理设计冷却水路。

注塑工艺
1 提高料温。
2 提高喷嘴的温度。
3 降低注射压力。
4 减少保压压力和时间。
5 延长冷却时间。
6 加长缓充。

4.6 案例分析

4.6.1 产品介绍

图4-7为产品向内收缩变形的案例。产品属于小家电外壳类制品，外形尺寸为50mm×25mm×15mm，产品壁厚为1.5mm。产品材料为PP。模具尺寸为1mm×2mm，点浇口。

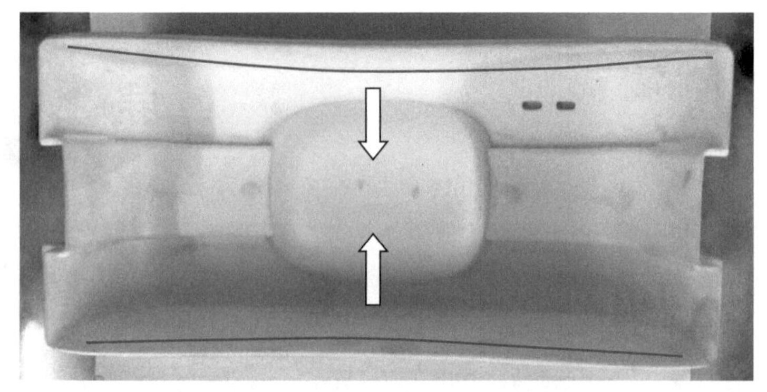

图4-7 产品向内收缩变形的案例

4.6.2 产品问题

50mm的长边位置有向内侧收缩变形，如图4-7中箭头所示。

4.6.3 原因及对策

（1）原因分析

产品设计 这个产品从结构上来看，比较简单。如果从产品设计上提前考虑内侧变形的话，产品的变形量就会减轻或消除。

材　料 产品使用的PP材料，本身收缩就大。如果使用ABS材料，产品基本上就不会变形或者有很少的变形量。

注塑工艺 中间模芯的温度高，也会造成向内侧收缩；成型周期短，产品未完全冷却就已经出模，造成顶出后收缩。

（2）方案对策

产品设计 设计向外侧的预留变形，以校正向内侧的收缩变形。

材　料 更换材料。

注塑工艺 降低中间模芯的温度，提高外侧周边的温度；延长冷却时间。

客户选择PP材料主要是出于产品成本考虑，不可对材料进行变更，同时多数产品设计师无法把控向外侧预留多少的变形量可以校正产品，所以产品设计师不会去冒这个风险，最终还是要通过调整工艺参数进行改善。当然产品冷却时间延长后，产量就会降低，加工制造厂商会间接增加成本。为了满足产量，要减少冷却时间，通过使用校正夹具来保证产品的变形量。

第5章

磁铁断裂

5.1 缺陷定义

磁铁断裂是指在注塑过程中，由于注射压力或模具配合精度的问题，导致完整的磁铁从某个部位产生裂纹或断开，造成成型后塑料产品的缺陷。

对于产品来说，磁铁是存在一定的功能性要求的。所以这种缺陷一旦发生，产品直接报废，该缺陷属于功能性的致命缺陷。

5.2 缺陷图片

图5-1所示为磁铁断裂的图片。

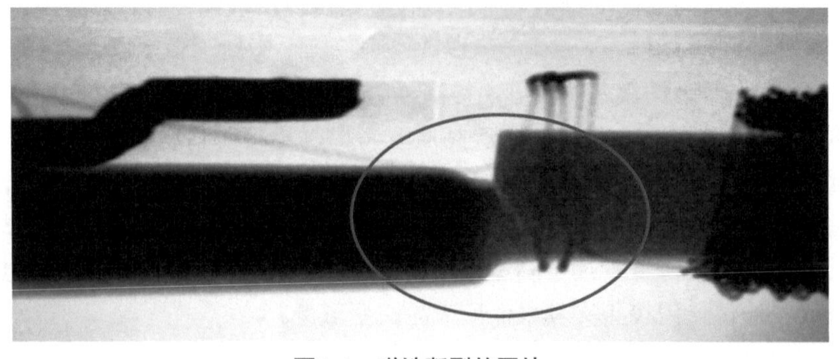

图5-1　磁铁断裂的图片

5.3 原因分析思路

首先要保证在成型前磁铁是完整的。利用人、机、料、法、环的分析方法，对产品磁铁断裂进行分析，将影响产品的所有因素分类汇总进行分析。图5-2所示为磁铁断裂的原因分析。

操作因素
产品设计因素
注塑工艺因素
磁铁断裂
材料因素
模具因素

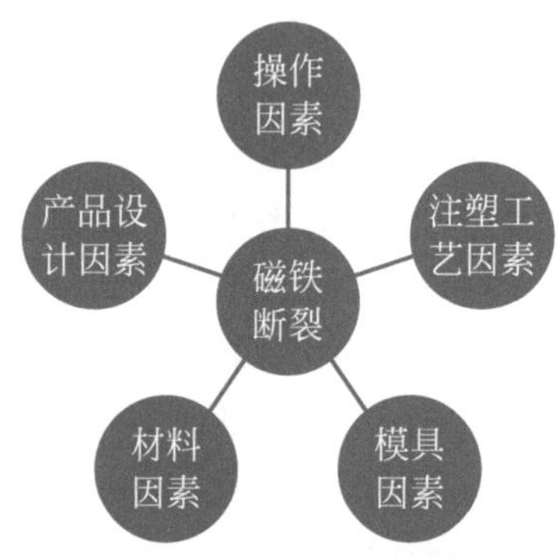

图5-2　磁铁断裂的原因分析

根据图5-2中的影响因素，针对磁铁断裂这个问题，按图5-3所示流程进行分析。

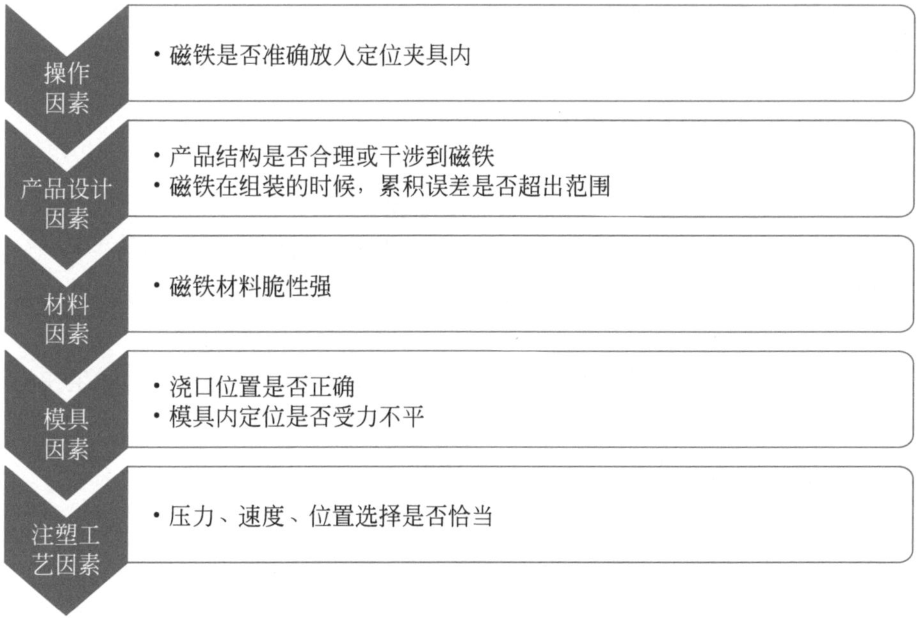

操作因素
• 磁铁是否准确放入定位夹具内
产品设计因素
• 产品结构是否合理或干涉到磁铁
• 磁铁在组装的时候，累积误差是否超出范围
材料因素
• 磁铁材料脆性强
模具因素
• 浇口位置是否正确
• 模具内定位是否受力不平
注塑工艺因素
• 压力、速度、位置选择是否恰当

图5-3　磁铁断裂的原因分析流程

磁铁断裂主要是受到外力的作用造成的，所以在成型时，注射压力对于磁铁断裂影响最大，从各方面的因素考虑都是基于如何降低注射压力。比如降低保压压力、升高材料温度、加快流动性，都是最终降低压力的办法。

5.4 原因分类

操　　作 操作人员不按照规定放置磁铁。

产品设计
1 产品结构设计没有很好的定位。
2 在组装半成品的时候没有考虑累积误差。

材　　料 材料性能不能满足高温、高压的环境。

模　　具
1 浇口位置错误，使磁铁受到的注射压力较高。
2 磁铁在模具内未完全定好位置，受力过程中产生扭曲力。

注塑工艺
1 注射压力太大，注射速度太快。
2 保压压力太大，保压时间长。
3 注射量过多或保压切换位置靠前。

5.5 解决方案

操　　作 把产品放入指定的位置，规范操作。

产品设计
1 调整产品结构。
2 通过装配后的设计，校正累积误差。

材　　料 更换材料或调整材料的配方，增强材料的性能。

模　　具
1 加大浇口位置以降低注射压力，或改变浇口的位置以减少磁铁的受力。
2 磁铁在模具内的定位不能压得过紧，以防止合模后，产生扭力而开裂。

注塑工艺
1 降低注射压力，减少注射速度。
2 减少保压压力和保压时间。
3 调整保压位置或切换位置。

第6章

变色与发黄

6.1 缺陷定义

变色、发黄是指产品颜色与指定的颜色有差异，主要呈现为产品发黄、发黑等。

对于浅色或亮色成品，色差或脱色现象比较容易出现，主要以块状的颜色差异体现。变色、发黄属于产品的轻微缺陷，加工制造企业可以和客户商量确认收货标准，根据客户的标准再制定企业内部的检验标准。

6.2 缺陷图片

图6-1～图6-8所示为产品变色、发黄的缺陷图片。

图6-1　产品变色、发黄的缺陷图片1

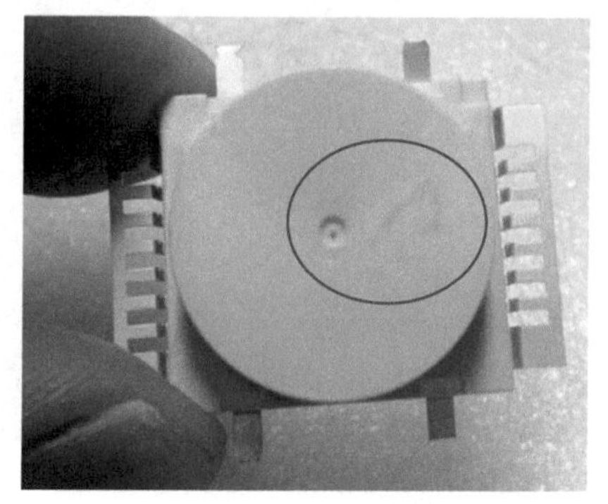

图6-2　产品变色、发黄的缺陷图片2

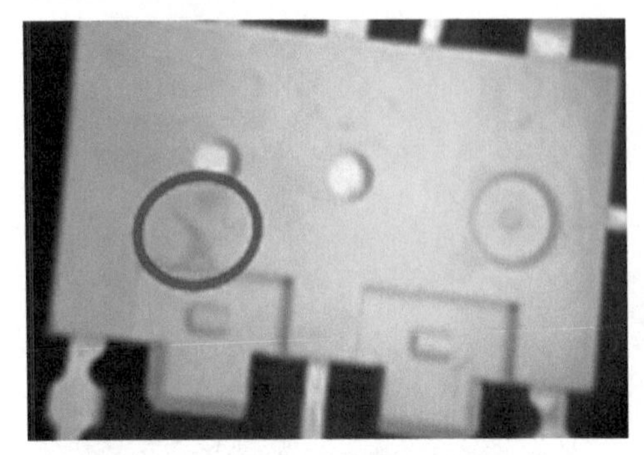
图6-3　产品变色、发黄的缺陷图片3

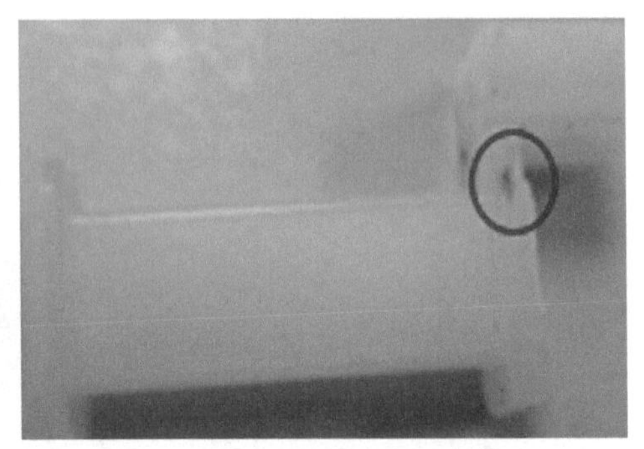
图6-4　产品变色、发黄的缺陷图片4

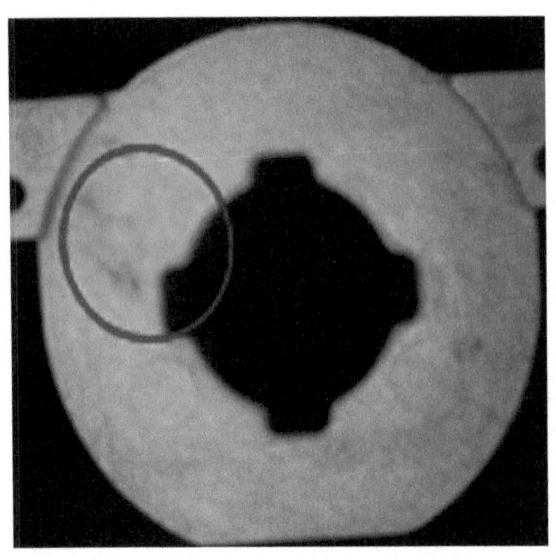
图6-5　产品变色、发黄的缺陷图片5

图6-6　产品变色、发黄的缺陷图片6

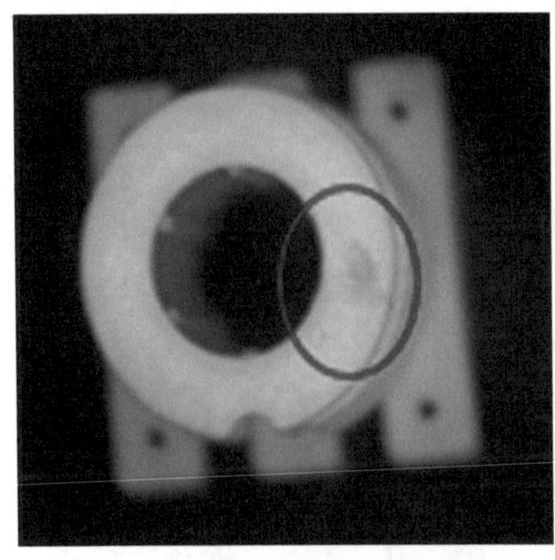
图6-7　产品变色、发黄的缺陷图片7

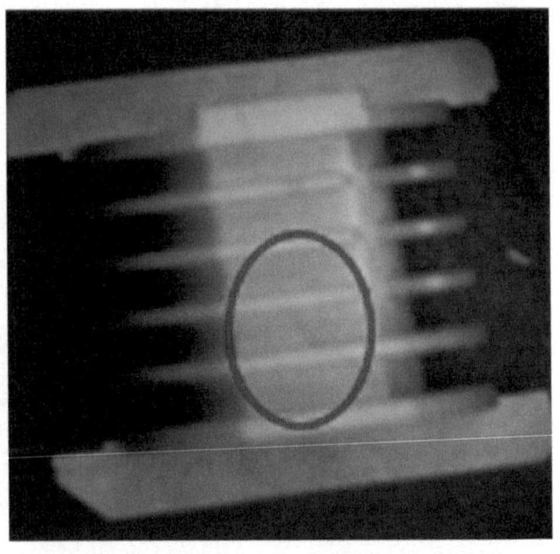
图6-8　产品变色、发黄的缺陷图片8

6.3 原因分析思路

利用人、机、料、法、环的方法，分析变色、发黄，将影响产品的所有因素进行分类汇总，再根据产品开发的流程进行分析。图6-9所示为产品变色、发黄的原因分析。

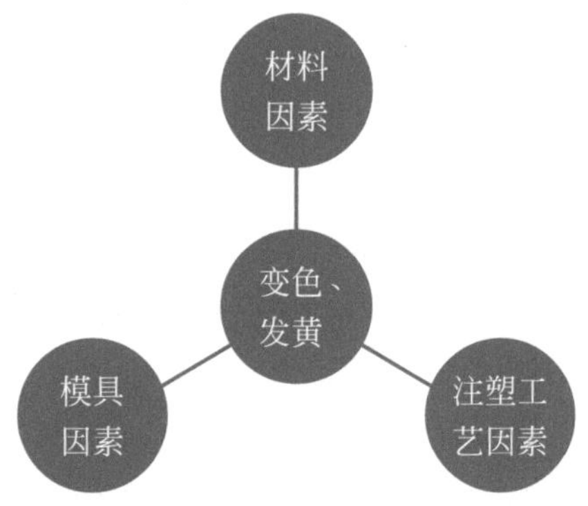

图6-9 产品变色、发黄的原因分析

根据图6-9中的影响因素分析，针对变色、发黄问题，按图6-10所示流程进行分析。

图6-10 产品变色、发黄的原因分析流程

先从材料和模具方面进行初步的判断，然后再对注塑工艺进行调整，从而找到具体的原因。成型过程中，温度的升高是导致产品发黄的关键因素。注射速度快、材料温度高、模具排气不良或型腔内空气压缩造成的高温等都可能造成塑料

材料的分解发黄。

6.4 原因分类

材　料 1 使用不适合的色母粒，耐热性不足，造成原料在料筒内已变色或发黄。

2 除湿干燥温度过高或时间过长，使材料本身变色。

模　具 浇口太小，注射过程中，产生了剪切热，使材料发生分解。

注塑工艺 1 熔融料温过高。

2 材料在料筒中滞留时间过长。

3 注射速度太快，流动过程中有过大的剪切热产生。

4 生产过程中有不正常停机。

6.5 解决方案

材　料 1 检查所用色母粒或添加剂的耐温性与热稳定性。

2 检查干燥温度和时间。

模　具 加大浇口或改为其他类型的浇口。

注塑工艺 1 检查熔融温度，降低料温；降低塑化时的螺杆转速及背压。

2 检查注射量，确认是否使用正确的塑化单元。

3 降低注射速度，以减少剪切升温现象。

4 确认生产过程中是否有过长时间的停机，停机时，料筒的温度需降低。

第7章 气纹

7.1 缺陷定义

气纹是指产品浇口部位或表面局部存在条状或块状的流痕，从而影响整个产品的外观。

气纹对产品的安全与功能没有很大的影响，属于轻微缺陷。但是会影响产品的外表面，从而影响客户满意度和产品的外观，所以客户一般都不接受这种缺陷。

7.2 缺陷图片

图7-1～图7-8所示为气纹的缺陷图片。

图7-1　气纹的缺陷图片1

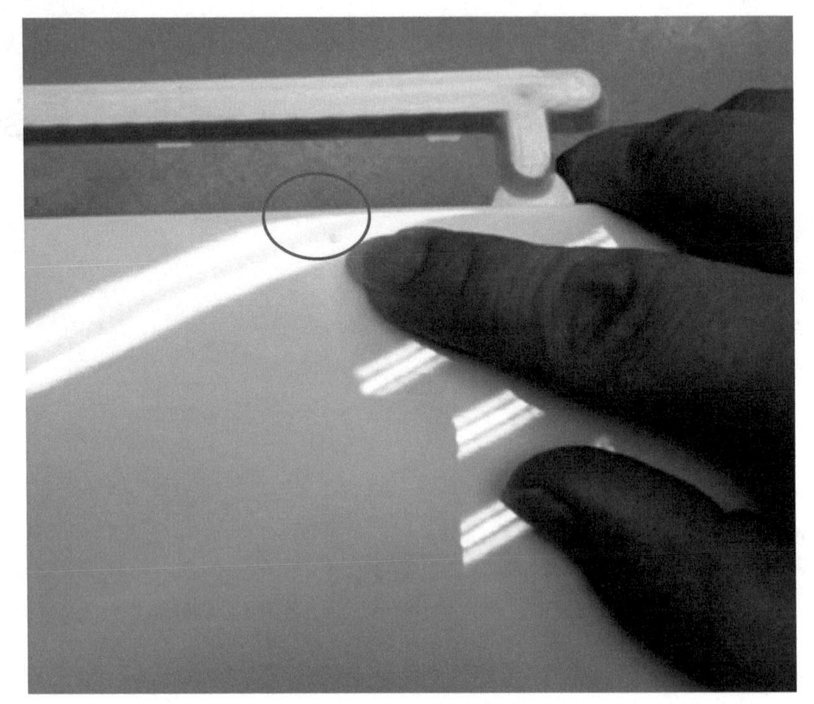

图7-2　气纹的缺陷图片2

图7-3　气纹的缺陷图片3

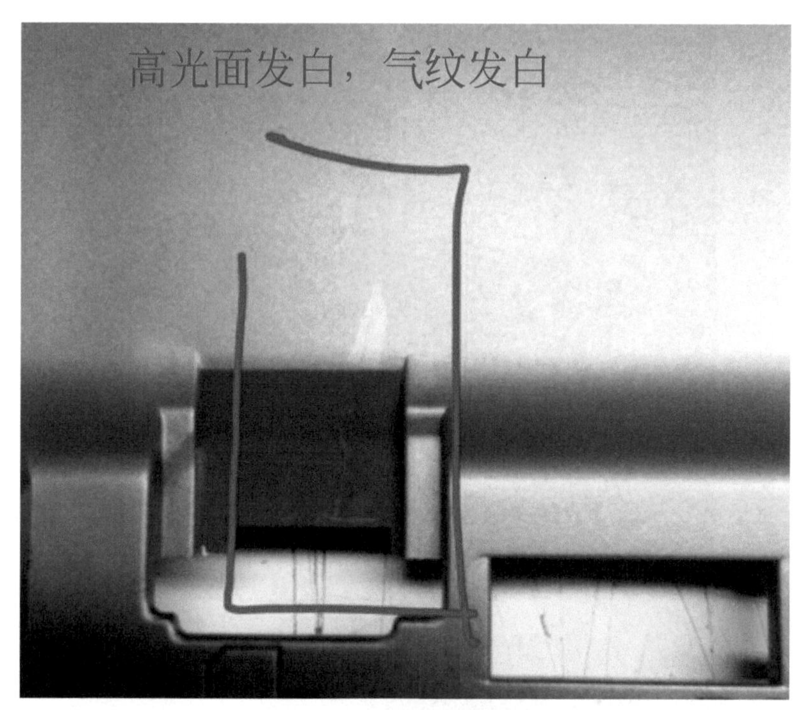

图7-4　气纹的缺陷图片4

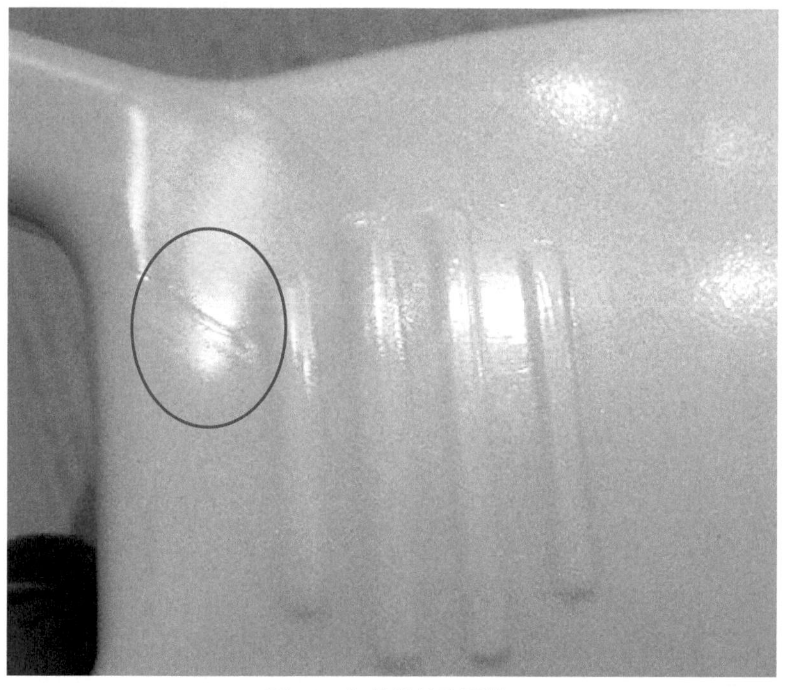

图7-5　气纹的缺陷图片5

图7-6　气纹的缺陷图片6

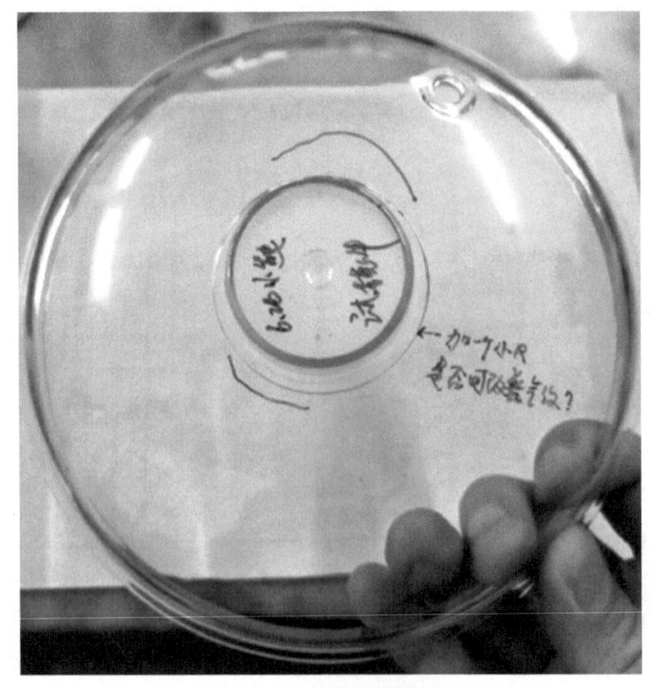

图7-7　气纹的缺陷图片7

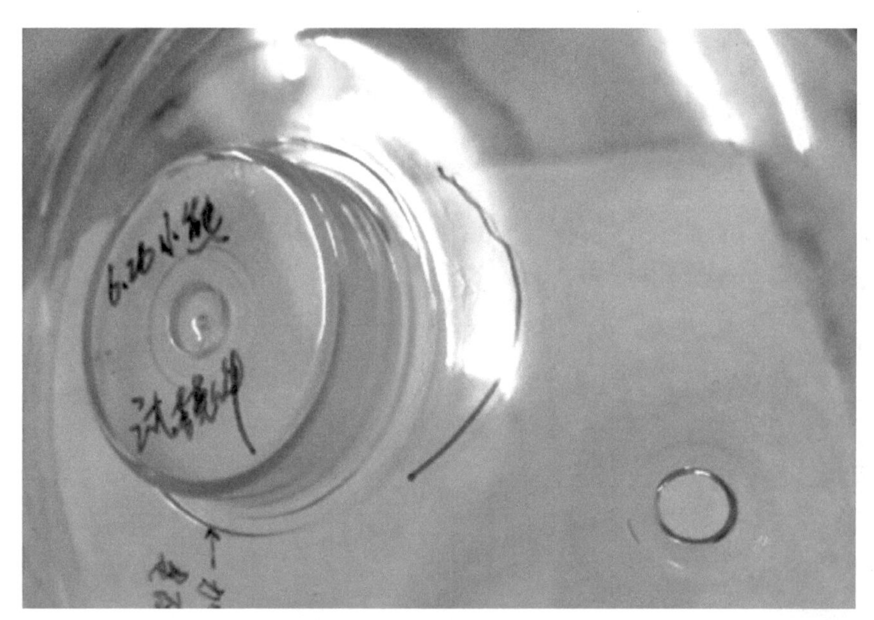

图7-8 气纹的缺陷图片8

7.3 原因分析思路

利用人、机、料、法、环的方法进行气纹分析，将影响产品的所有因素进行分类汇总，再根据产品开发的过程进行分析。图 7-9 所示为气纹的原因分析。

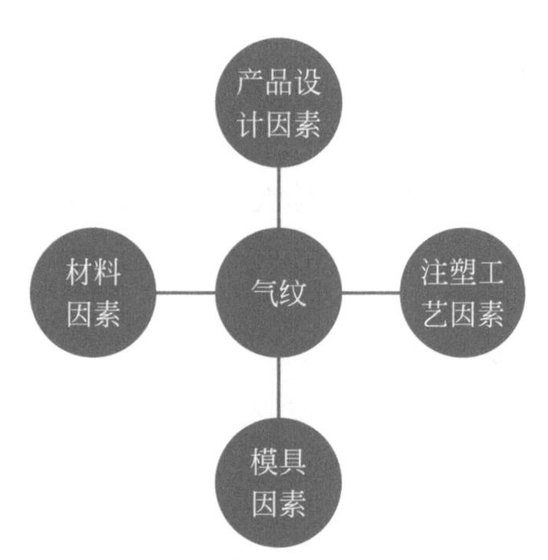

图7-9 气纹的原因分析

根据图 7-9 中的影响因素，针对气纹问题，按图 7-10 所示流程进行分析。

图7-10　气纹的原因分析流程

如果产品出现气纹，先从产品设计、材料、模具方面的原因进行初步的判断，再对注塑工艺进行调整，从而找到注塑过程中具体的原因。

7.4 原因分类

产品设计
1 产品的壁厚不均匀、壁厚太厚，导致内部气体浮出表面。
2 结构复杂，筋位设置不合理，使气体无法完全排出。

材　料
1 材料流动性差。
2 润滑剂太少。

模　具
1 浇口尺寸过小，流动速度慢。
2 浇口位置不合理。

注塑工艺
1 注射压力低，注射速度慢。
2 注射时间太短。
3 材料温度和模具温度过高，材料流动性太好，气体无法及时排出而形成气纹。

7.5 解决方案

产品设计 1 调整产品壁厚。
2 简化产品结构。

材　　料 1 更换流动性好的材料或增加助剂。
2 增加润滑剂用量。

模　　具 1 增大浇口与流道尺寸。
2 变更浇口的位置。

注塑工艺 1 增加注射压力和速度。
2 适当延长注射时间。
3 降低材料和模具温度。

7.6 案例分析

7.6.1 产品介绍

图 7-11 为浇口出现气纹的案例。

图7-11　浇口出现气纹的案例

产品材料为ABS，模具采用直接浇口侧进料的方式，外观类型产品。

成型条件如下。

模具成型温度 100℃。

成型材料温度 210～240℃。

注射速度 一段9mm/s；二段28mm/s；三段15mm/s。

注射压力 一段90kgf/cm^2；二段：105kgf/cm^2；三段：80kgf/cm^2。

注射时间 13s。

7.6.2 产品问题

产品表面不允许有气纹。

7.6.3 原因及对策

（1）原因分析

从成型参数来看，第一段的注射速度是错误的，应该是中低速射注射完整个流道，而在流道进入产品前使用低速注射，进入产品一小部分后，再高速注射，最后转低速注射。应分为四段注射。

产品的浇口太小，应尽量使用大的浇口来改善浇口气纹。

（2）方案对策

调整注射速度，针对每一段注射速度对应一段注射压力的参数条件一定要注意，设定的注射压力务必要能满足设定的注射速度与实际保持一致，不然看似参数确定，而实际的注射速度因为注射压力低，会低于设定的注射速度。

修模，把浇口和流道加大。

下次试模时提高模具温度做比较。

第8章 冷料滞留

8.1 缺陷定义

冷料滞留是指产品的外观从浇口沿流动方向有一层一层的流动波前迟滞纹路。

8.2 缺陷图片

图8-1、图8-2所示为冷料滞留的缺陷图片。

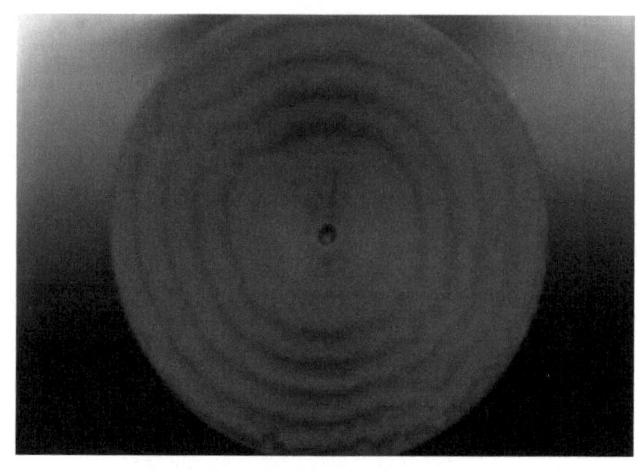

图8-1　冷料滞留的缺陷图片1

图8-2　冷料滞留的缺陷图片2

8.3 原因分析思路

冷料滞留通常的原因是注塑工艺不合理，最主要是因为注射速度过低，或者因为材料、模具温度太低，从而影响注射速度。注射压力不足，也会达不到设定的注射速度，造成冷料滞留。

8.4 原因分类

注塑工艺

1. 料温过低，使熔融料在模内流动产生滞留现象。
2. 模具温度过低，使熔融料在模内流动产生滞留现象。
3. 厚度有差异，流动不平衡，厚薄区发生迟滞。
4. 注射速度过低，注射压力过低。

8.5 解决方案

注塑工艺

1. 提高熔融料温使材料流动维持均匀。
2. 提高模具温度使熔融料流动维持均匀。
3. 改善塑料材料的流动性，使流动平衡。
4. 增加注射速度、注射压力使材料流动维持均匀。

第9章

烧焦

9.1 缺陷定义

烧焦是指在产品流动末端局部位置形成不规则的深色焦痕。

当这种烧焦痕出现碳化的情况时，客户基本上是不会接受这种产品的。烧焦缺陷属于外观轻微缺陷，仅仅出现颜色有稍许发黄或轻微黑点的情况下，可以与客户商量限度接受。

9.2 缺陷图片

图9-1～图9-4所示为烧焦的缺陷图片。

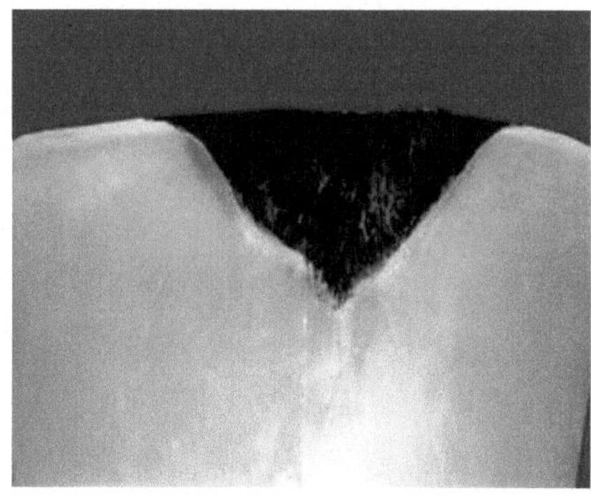

图9-1　烧焦的缺陷图片1

图9-2　烧焦的缺陷图片2

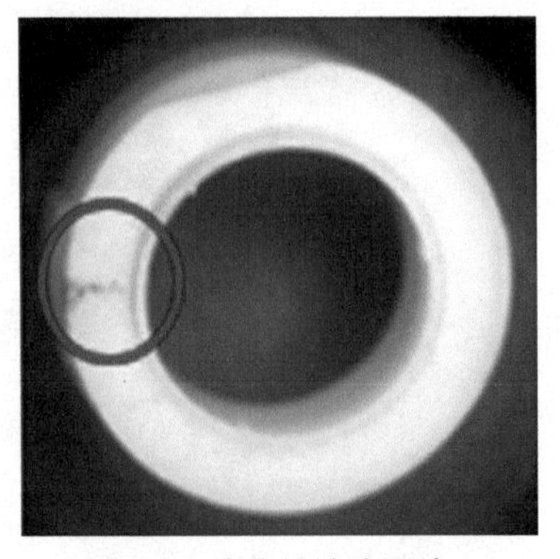

图9-3　烧焦的缺陷图片3

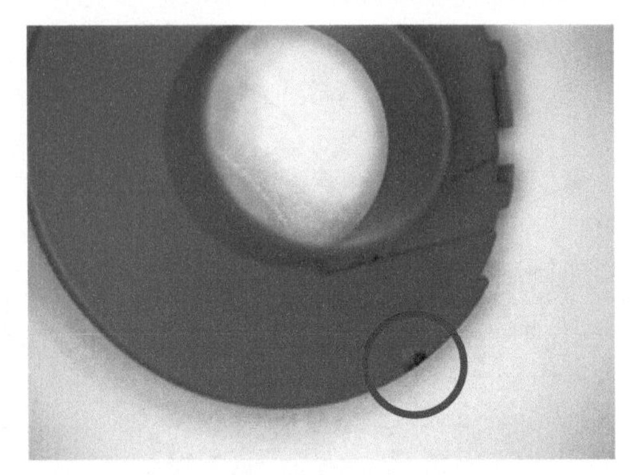

图9-4　烧焦的缺陷图片4

原因分析思路

出现这种情况，需要先用高速注射确认产品是否会出现更严重的烧焦。如果末端出现的烧焦明显严重的话，可以断定模具的排气系统设计不良，排气效果不佳；要彻底解决就需要加开排气、调整模具的浇口位置和大小。调整注射速度只是降低烧焦的可能性而已，并不可以完全解决烧焦。

原因分类

模　具　模具在流动末端局部位置的气体无法排出。

注塑工艺
1. 气体包风造成压缩气体产生高温形成烧焦。
2. 末段注射速度过快。
3. 成型时注射速度太快，模具内气体未能排出。
4. 料筒温度或模具温度太高。

解决方案

模　具　适当的模具设计需有良好的排气设计，可以变换模具浇口位置或加大浇口尺寸。

注塑工艺 1 调整模具设计方案，使流动波前顺利充填。
2 降低末段注射速度。
3 降低注射速度，保证气体能排出；对于薄壁产品使用模穴抽气装置。
4 降低材料温度和模具温度，调整注射压力、注射速度以及注射位置的切换。

9.6 案例分析

9.6.1 产品介绍

图9-5所示为产品烧焦的案例，图9-6为图9-5的局部放大图。

产品材料为PBT，是连接头类型产品，壁厚较厚，表面属于次外观面。由于客户对产品品质要求较高，因此不允许产品表面有明显的外观缺陷。

成型条件如下。

模具成型温度 60～80℃。
成型材料温度 240～260℃。
注射速度分三段 一段180mm/s，二段135mm/s，三段40mm/s。
注射时间 1.5～3s。
注射压力 1300～1500kgf/cm^2。

图9-5 产品烧焦的案例

图9-6 产品烧焦的案例局部放大图

9.6.2 产品问题

产品图中红色圈内有轻微烧焦痕，客户不接受产品缺陷。

9.6.3 原因及对策

（1）原因分析

前期试模过程中，对走料样板进行分析，发现产品的烧焦位置是产品末端熔接线处，主要是因为气体无法从标示处的位置排出模具型腔，造成困气烧焦的现象。

（2）方案对策

由于产品结构和模具结构已经被客户确认，不能再进行更改。所以要解决这个问题就只能从调整模具排气和注塑工艺方面进行。

模具流道、模具分型面、模具顶针尽量开大一点的排气槽位，降低末端排气量，从而减轻产品烧焦的程度。

调整注塑工艺，分多段注塑。由于产品较厚的特性，在注塑的最后两段分别用低速或更低的速度成型，以减轻烧焦的程度。

第10章

黑点与黑线

10.1 缺陷定义

黑点、黑线是指在塑料产品结合线、背部肋条、浮出物附近或在流动末端的转角局部位置附近形成集中性的焦黑现象，有时也会出现位置无规律的黑点。

此缺陷不属于致命和严重的缺陷，可以根据外观缺陷的严重程度与客户协商，按限度样板或编写检验标准进行验收产品。一般会按黑点的大小和黑点在同一个面的数量制定验收标准。

10.2 缺陷图片

图10-1～图10-5是黑点、黑线的缺陷图片。

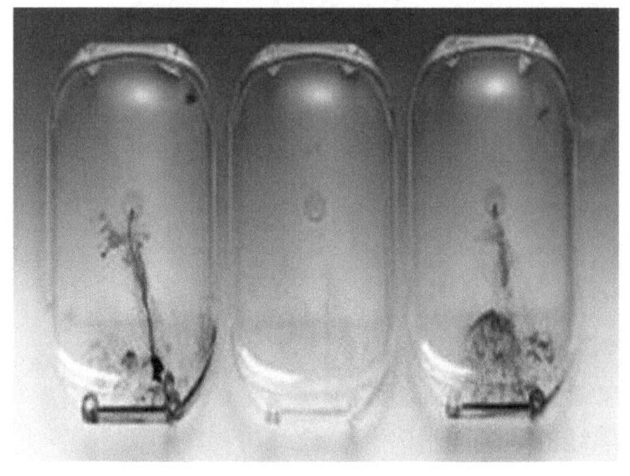

图10-1 黑点、黑线的缺陷图片1

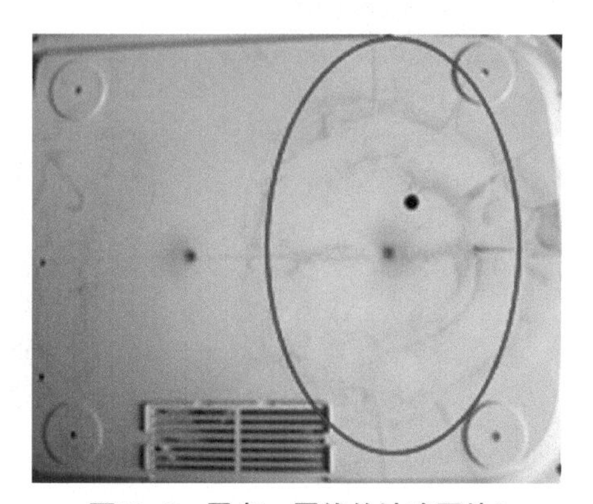

图10-2 黑点、黑线的缺陷图片2

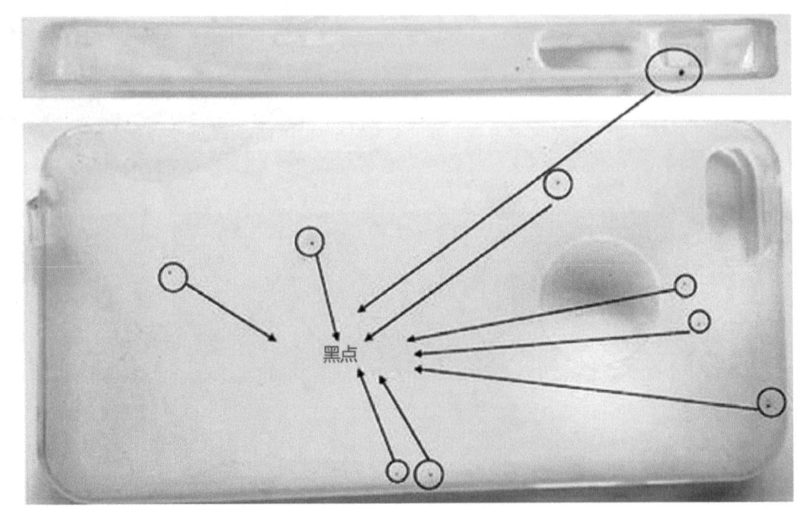

图10-3　黑点、黑线的缺陷图片3

图10-4　黑点、黑线的缺陷图片4

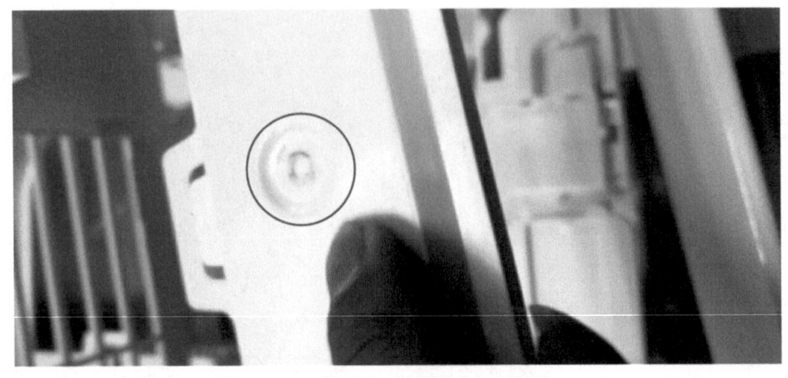

图10-5　黑点、黑线的缺陷图片5

10.3 原因分析思路

利用人、机、料、法、环的方法进行产品黑点、黑线分析，将影响产品的所有因素进行分类汇总，再根据产品开发的流程，从产品开发到产品确认的过程进行分析。图10-6所示为黑点、黑线的原因分析。

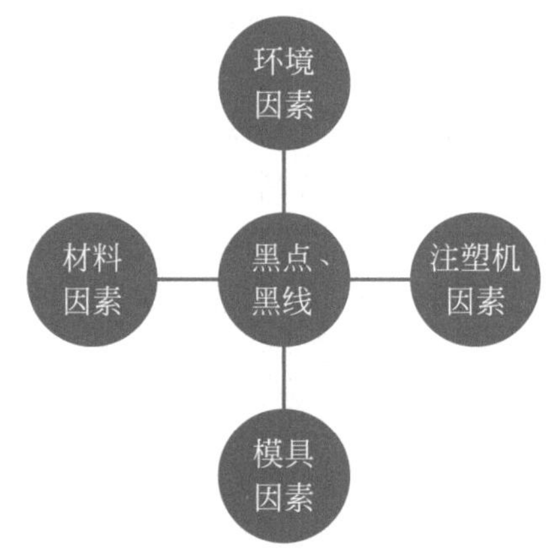

图10-6 黑点、黑线的原因分析

根据图10-6中的影响因素，针对黑点、黑线这个问题，按图10-7所示流程进行分析。

图10-7 黑点、黑线的原因分析流程

产品有黑点、黑线时，先看看生产环境及生产的塑料材料是否清洁干净，再查看不良出现是否有固定的位置或周期性的出现，最后确认具体的原因所在。

10.4 原因分类

环　境

1 料筒中长时间生产不同的材料，因温度变化，材料发生了氧化、降解。

2 更换材料时，没有将料筒彻底清洁。

3 掉到地上的产品或流道废料被直接投入粉碎机。

4 洗机时未完全置换出料筒中原先使用的低温材料，当作业温度升高时，致使低温材料（防火剂、添加剂等）无法承受此温度，受热降解。

材　料

1 原料本身带黑点。

2 原材在运输、贮藏过程中受到污染。

3 材料在人工配比或造料时混入杂物。

4 有些原料中需要添加润滑剂，如果添加不足，就会产生摩擦热，因废气太多排出不及时，造成气体燃烧产生黑纹（黑斑）。

5 原材料本身耐热性不足，无法承受作业温度，原料裂解。

模　具

1 模具各浇口太小或太粗糙，会导致产生大量的摩擦热，如果模具排气不良，就会致使气体燃烧产生明显的黑色条纹（黑斑）。

2 模具的导柱、导向套磨损产生的铁屑掉入型腔。

3 模具表面滑块顶针等部位由于保养不好导致太脏。

注塑机

1 干燥机过滤网进入异物或因通风不好造成材料变色、结块。

2 干燥机料筒未（完全）密封，导致空气中粉尘进入或粉尘飞散，污染周边的产品及粉碎机内的材料。

3 没有做好防护，导致散落灰尘混入设备。

4 粉碎机的遮蔽不到位，导致机器受污染及污染别的材料。

5 喷嘴的孔径太小或内表面太粗糙，产生大量的摩擦热。

6 料筒或过料头磨损，龟裂弯曲时，聚合物部分过热而产生黑纹（黑斑）。

7 过料圈外径和缸壁间隙公差太小使螺杆熔料产生较大阻力面，从而产生摩擦热导致黑纹产生。

8 螺杆与料筒之间偏心产生非常大的摩擦热。

9 电热片的实际温度和温度表显示的误差太大。

10.5 解决方案

环　境

1 射出料筒中长时间停留的材料或降低材料温度。
2 确保料筒清洁后再换料。
3 材料清洗干净后再投入粉碎机。
4 确保机器清洁后再换料。

材　料

1 更换原材料。
2 运输和贮藏过程中保持清洁。
3 混料时清理干净设备。
4 调整材料配比。
5 更换耐高温的材料。

模　具

1 加大浇口并抛光其表面。
2 定期保养模具，添加润滑剂。
3 做好活动模具部件的清洁工作。

注塑机

1 定期清理干燥机过滤网，必要时进行更换。
2 密封好干燥机及粉碎机相关设备。
3 做好6S清洁工作。
4 规范材料范围，做好清洁工作。
5 加大喷嘴的孔径及抛光内表面。
6～8 更换注塑机配件。
9 检测后对电热片进行更换。

第11章 应力泛白

缺陷定义

应力泛白是指在平滑产品的表面形成较浅颜色的区域（在含弹性体的塑料产品中经常发生）。

此缺陷不属于致命和严重的缺陷，可以根据外观缺陷的严重程度与客户协商，按限度样板或编写检验标准验收产品。但对于高端产品，这种缺陷是不可接受的。

缺陷图片

图11-1、图11-2所示为应力泛白的缺陷图片。

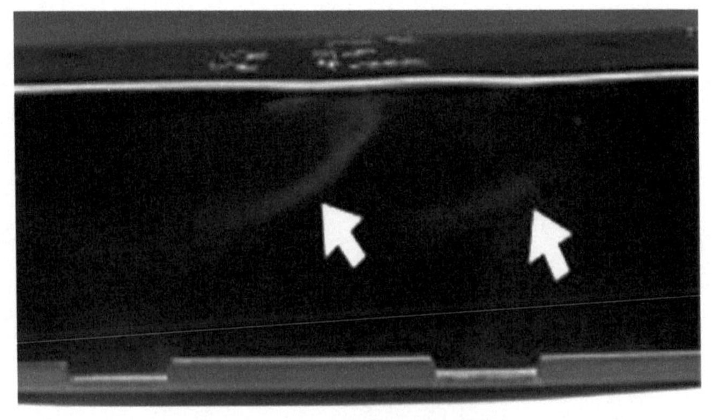

图11-1　应力泛白的缺陷图片1

图11-2　应力泛白的缺陷图片2

11.3 原因分析思路

根据人、机、料、法、环的方法进行应力泛白分析，将影响产品的所有因素分类汇总，再根据产品开发的流程进行分析。图11-3所示为应力泛白的原因分析。

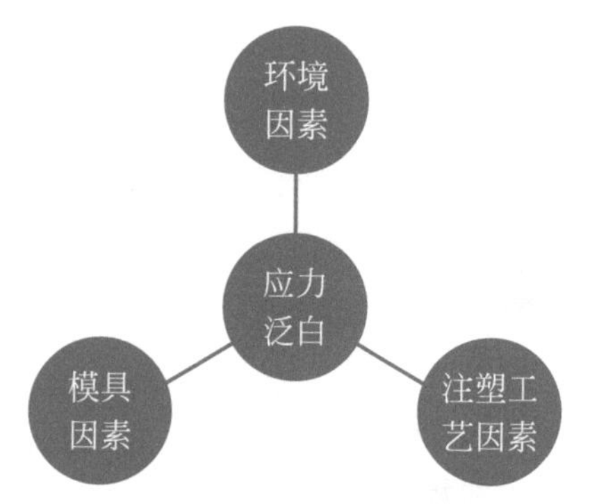

图11-3　应力泛白的原因分析

根据图11-3中的影响因素，针对应力泛白这个问题，按图11-4所示流程进行分析。

产品发生应力泛白时，不要急着调整注塑参数，而是先看看是否有环境的原因，最后再去调整注塑参数。先查看材料及外围环境，再查看不良出现是否有固定的位置或周期性的出现，最后确认具体的原因所在。

环境因素	·外部使用环境造成的影响
模具因素	·顶出是否平衡 ·模具型腔是否有较高的压应力
注塑工艺因素	·顶出速度是否过快 ·冷却时间是否充足

图11-4　应力泛白的原因分析流程

11.4 原因分类

环　境　产品在使用过程中，外部应力过大。

模　具　1 产品在顶出时使用过度的机械应力。

2 顶针位置设计不适当或不平衡，受力最大的部位产生泛白现象。

3 产品脱模斜度过小，产品顶出力变大，粘模最强的部位易出现泛白。

4 模穴承受的压力过高或模具材料的刚性不足。

注塑工艺　1 顶出速度太快。

2 冷却不充分就直接顶出。

3 注射压力和保压压力过大。

11.5 解决方案

环　境　分散或减少外部应力。

模　具　1 减小顶出时的机械应力。

2 顶针位置设计尽量靠近边角或补强筋。

3 增大脱模斜度。

4 降低模内压力，提高模具钢材的刚性。

注塑工艺　1 降低顶出速度。

2 延长冷却时间。

3 降低注射压力和保压压力。

第12章 拉白

12.1 缺陷定义

拉白是指在产品筋位或柱位上，出现明显的条状拉白或拉丝情况。

此缺陷不属于致命和严重的缺陷，但是如果缺陷发生在重要外表面上，客户也是不会接受的。如果缺陷发生在内部装配件上，而且拉白不明显，可以与客户协商，按限度样板或编写检验标准验收产品。

12.2 缺陷图片

图12-1～图12-4所示为拉白的缺陷图片。

图12-1　拉白的缺陷图片1

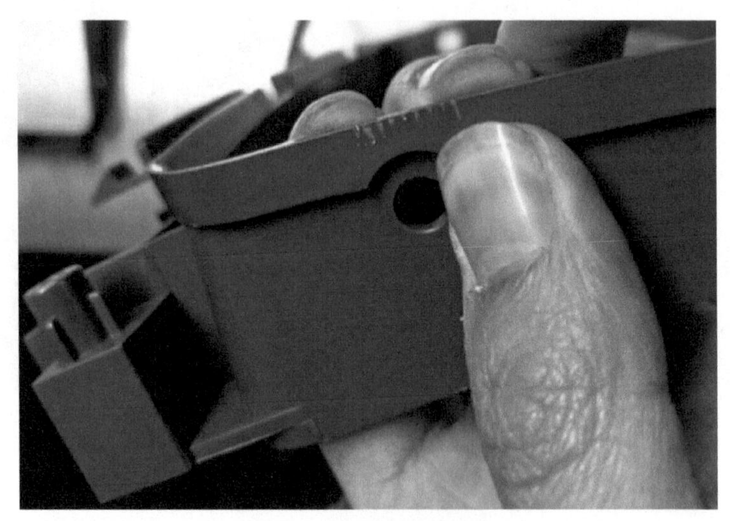

图12-2　拉白的缺陷图片2

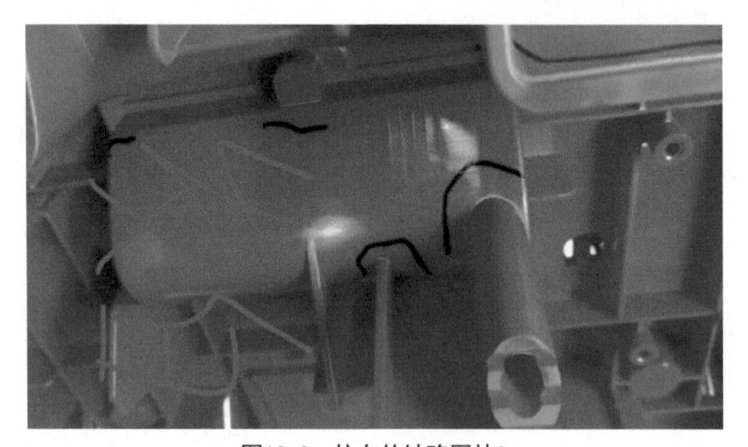

图12-3　拉白的缺陷图片3

图12-4　拉白的缺陷图片4

12.3 原因分析思路

利用人、机、料、法、环的方法对拉白进行分析，将影响产品的所有因素进行分类汇总，再根据产品开发的流程进行分析。图12-5所示为产品拉白的原因分析。

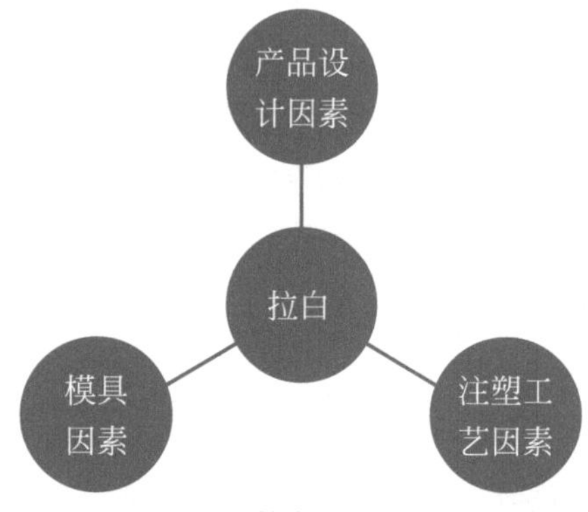

图12-5 拉白的原因分析

根据图12-5的影响因素，针对拉白问题，按图12-6所示流程进行分析。

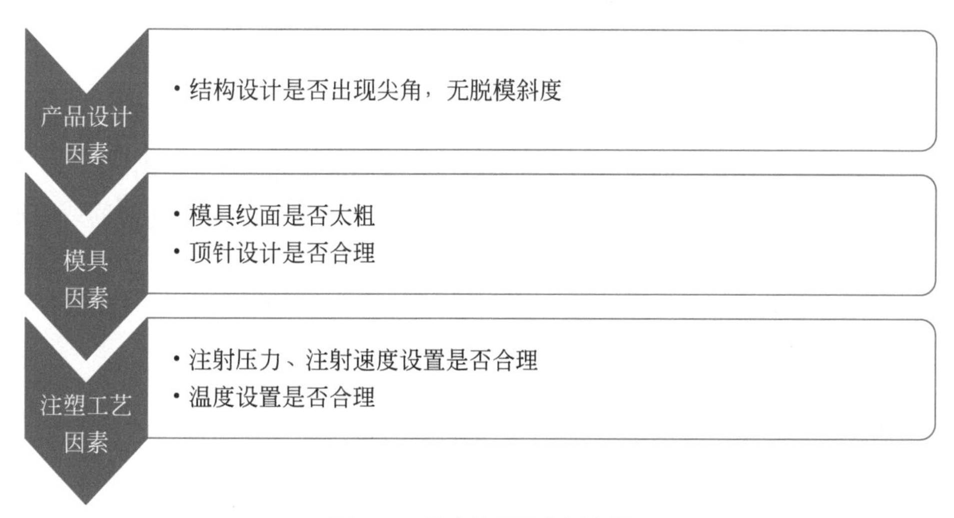

图12-6 拉白的原因分析流程

产品出现拉白时，首先看看产品是否存在尖角，脱模斜度太小，再看看是由于受力拉白还是因为尖角把产品刮出白色丝状，确认不良出现是否有固定的位置或周期性的出现，分析具体的原因所在，再去调整注塑工艺参数。

12.4 原因分类

产品设计 产品设计出现尖角，无脱模斜度。

模　　具

1 模具表面纹路太粗，产品脱模过程中，摩擦表面形成表面拉白。

2 顶针设计不合理，顶出不平衡。

3 分型面错位或倒扣造成产品侧面有拉伤痕。

注塑工艺

1 注射压力以及射出切换位置的选择不当，使得产品填充过饱和。

2 保压压力大，保压速度的控制及保压切换位置的选择不恰当，背压大，都会导致产品密度大，粘住模腔。

3 模具温度参数设置不合理，应保证产品还有轻微的软化状态，就不易拉伤产品。

12.5 解决方案

产品设计 产品进行倒圆角并增加脱模斜度。

模　　具

1 模具表面抛光。

2 拉白位置增加顶针。

3 确认分型面无倒扣与气刺，用油石修顺。

注塑工艺

1 在保证产品完全填充的前提下，采用尽量低的注射压力。

2 确认产品尺寸和外观没有问题，降低保压压力、保压时间或取消保压。

3 调整模具温度及冷却时间。

第13章

产品错位

13.1 缺陷定义

产品错位是指注塑产品在分型线上有明显的台阶或断差，从而影响产品外观。

这类型的外观缺陷是由于模具的加工误差造成的，也是无法避免的缺陷。所以针对这种缺陷，客户是可以理解的，只是可以接受的标准不同而已。所以可以和客户进行协商确定验收标准和验收限度样板。一般高要求的产品断差都小于0.05mm，而常规类型的产品断差标准可以达到0.1mm。

13.2 缺陷图片

图13-1～图13-5所示为产品错位的缺陷图片。

图13-1　产品错位的缺陷图片1

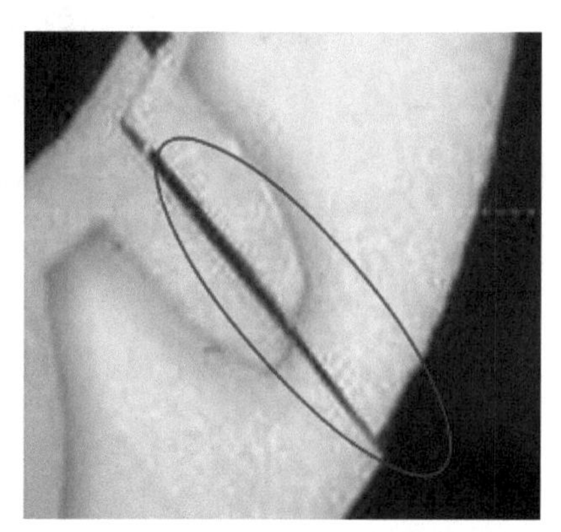

图13-2　产品错位的缺陷图片2

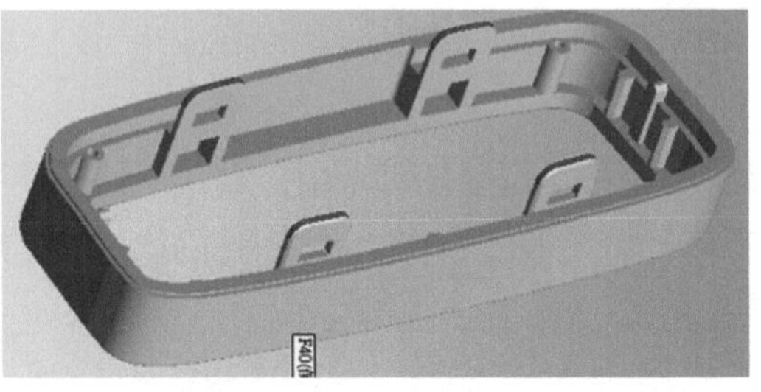

(a) 实物图　　　　(b) 设计图

图13-3　产品错位的缺陷图片3

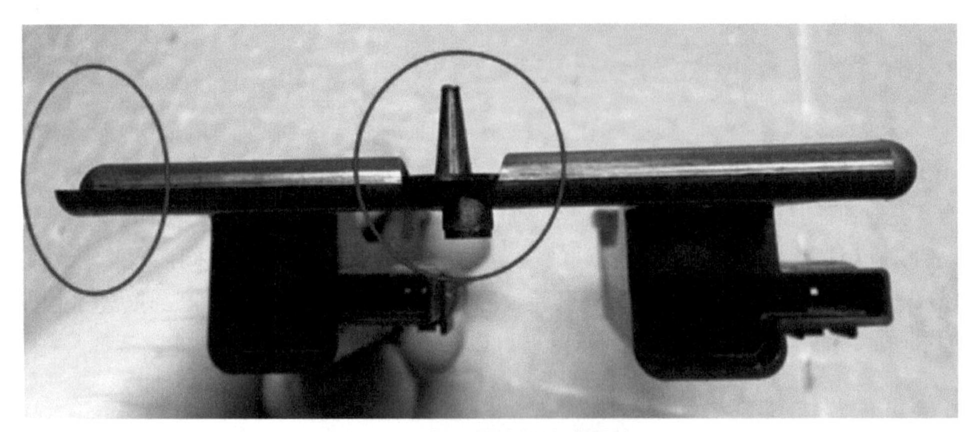

图13-4　产品错位的缺陷图片4

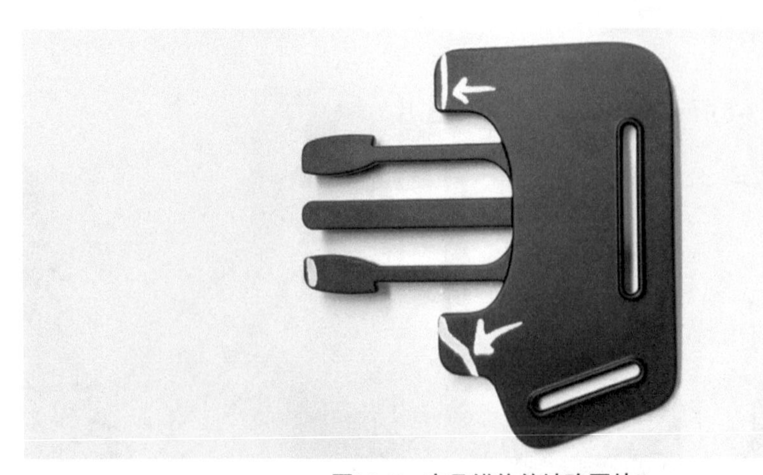

图13-5　产品错位的缺陷图片5

13.3 原因分析思路

利用人、机、料、法、环的方法进行分析，将影响产品的所有因素进行分类汇总，再根据产品开发的流程进行分析。图13-6所示为产品错位的原因分析。

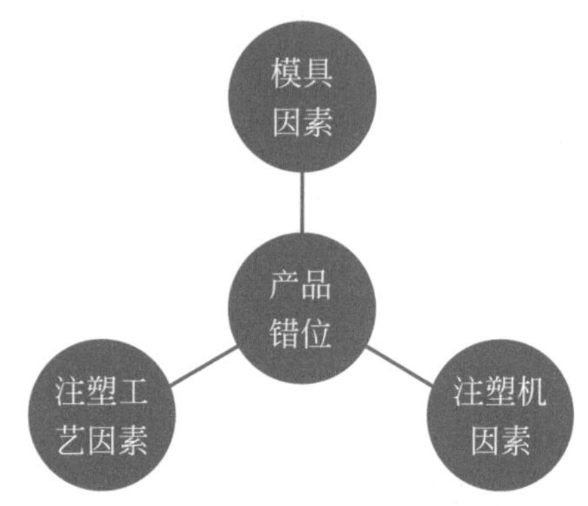

图13-6　产品错位的原因分析

根据图13-6中的影响因素，针对产品错位这个问题，按图13-7所示流程进行分析。

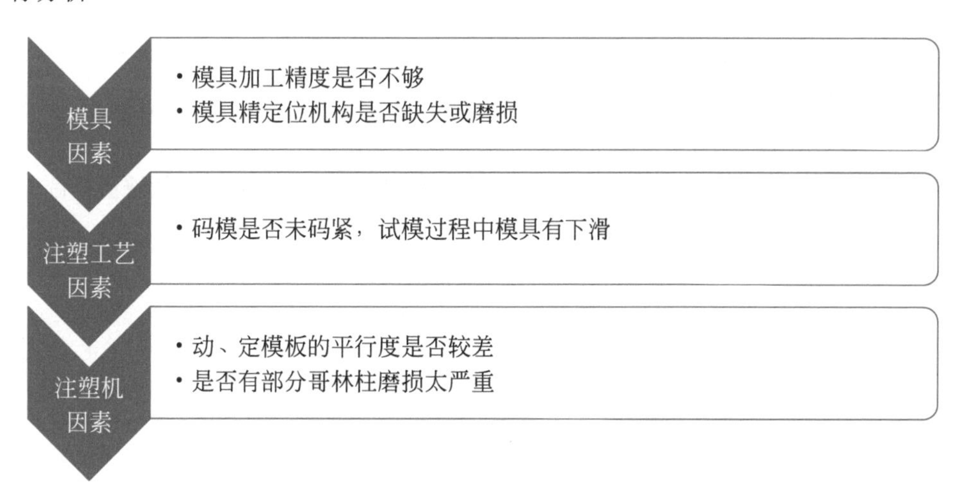

图13-7　产品错位的原因分析流程

在注塑工艺调试过程中，先注射成型填充不足的样板，确认是否有断差。如果填充不足的时候，就出现了断差，表明与注塑工艺的关联性不大。再通过样板进行分析，确认是往一边错位还是两边都同时错位，来判断是模具原因造成的还是注塑机原因造成的。

13.4 原因分类

模　具　1 动、定模具的加工精度存在问题。
2 定位动、定模的模框有偏心。
3 模具的精定位机构有缺失或磨损。
4 模板与模板配合后的平面度差异大。

注塑工艺　码模过程中，动模板或定模板有移位，造成错模。

注 塑 机　1 动、定模板的平行度差。
2 哥林柱磨损太严重。

13.5 解决方案

模　具　1 提高模具加工精度。
2 提高动、定模框的加工精度。
3 增加或更换模具的精定位机构。
4 提高模具的加工精度。

注塑工艺　码紧模具，生产过程中尽量多码一个码铁，同时注意观察导柱、导套的磨损。

注 塑 机　1 校表确认动、定模板的平行度，确认是否需要修理或更换注塑机台。
2 更换配件或注塑机台。

第14章 表面层剥离与分层

14.1 缺陷定义

表面层剥离、分层是指产品靠近浇口的表面上有片状的粗糙表面（分层、脱壳）。此现象容易发生在含有无机填料的塑料中。

表面层剥离、分层的外观缺陷从一定程度上来说既影响产品的外观，又对产品强度或功能带来影响，虽然属于轻微外观缺陷，但是客户是难以接受的。除非属于模具上无法解决的情况，这时客户可能会让步，协商确定验收标准和验收限度样板。

14.2 缺陷图片

图14-1、图14-2所示为表面层剥离、分层的缺陷图片。

图14-1　表面层剥离、分层的缺陷图片1

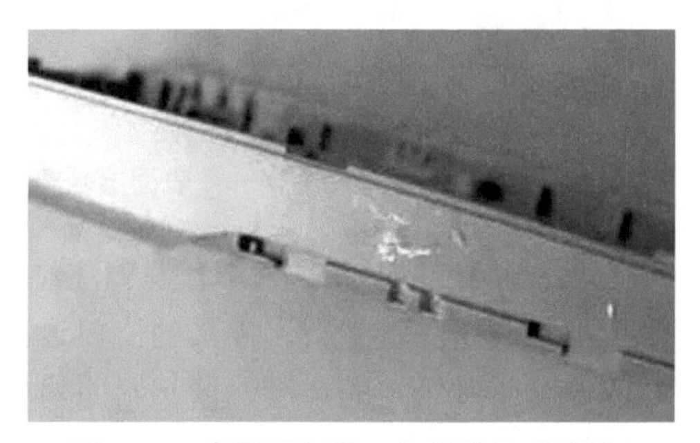

图14-2　表面层剥离、分层的缺陷图片2

14.3 原因分析思路

利用人、机、料、法、环的方法进行产品表面层剥离分析，将影响产品的所有因素进行分析。图14-3所示为表面层剥离、分层的原因分析。

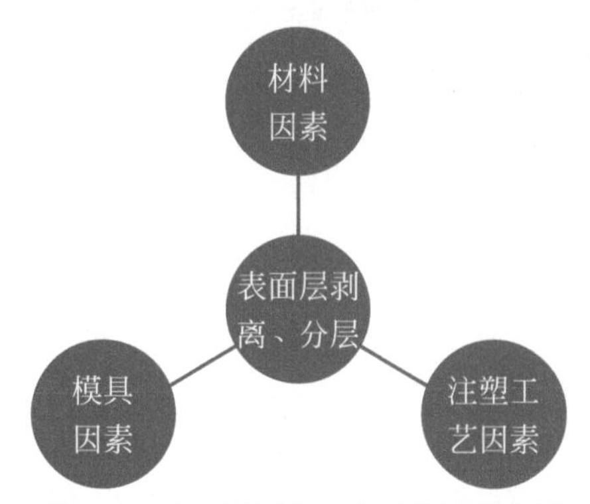

图14-3　表面层剥离、分层的原因分析

根据图14-3中的影响因素，针对表面层剥离这个问题，按图14-4所示流程进行分析。

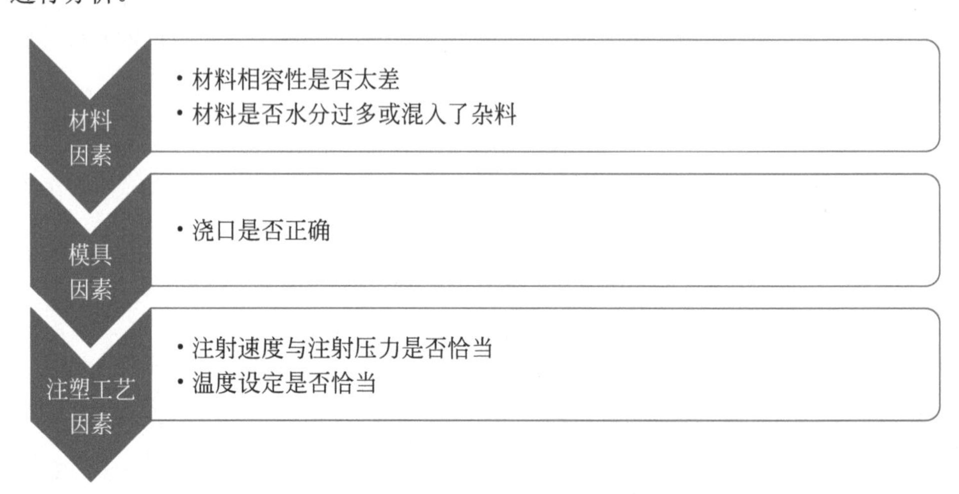

图14-4　表面层剥离、分层的原因分析流程

产品有异常时，不要急着调整注塑参数，而是先看看是否有别的影响因素，最后再去调整注塑参数。模具的浇口设计不正确，会造成塑料原料进入模具型腔时的温度超过设定的温度，使塑料原料与其添加剂发生化学反应，从而改变材料的性能。

14.4 原因分类

材　料

1 两种材料本身就不具备相容性，仅靠添加相容剂来促进材料的融合。

2 无机添加剂与原料不相容。

3 混入了杂料。

4 材料水分过多。

模　具

浇口尺寸过小，会导致熔体通过浇口时产生高剪切力，使得塑料材料温度升高而分解，继而导致产品表面起皮。

注塑工艺

1 材料温度、模具温度设定过低。

2 注射压力和注射速度过高。

14.5 解决方案

材　料

1 更换材料。

2 减少添加剂或更换添加剂，重新调整配方。

3 少添加回料或确认原料中是否有杂料混入其中。

4 注意烘料的时间控制。

模　具

重新设计浇口形状或大小。

注塑工艺

1 提高料温、模具温度。

2 多段注射，降低注射速度、注射压力。

第15章 熔接线颜色深

15.1 缺陷定义

熔接线有较深的颜色是指在成品表面结合线附近，在过慢或过快的流动波前有较深的颜色，大多发生在光亮或深色等成品（如白、蓝、绿等颜色）上。

熔接线颜色较深，属于轻微外观缺陷。如果客户开发的是高端产品，那么这种缺陷是不可接受的。如果是普通类型的产品，可以与客户进行协商确定验收标准和验收限度样板。

15.2 缺陷图片

图15-1、图15-2所示为熔接线颜色深的缺陷图片。

图15-1　熔接线颜色深的缺陷图片1

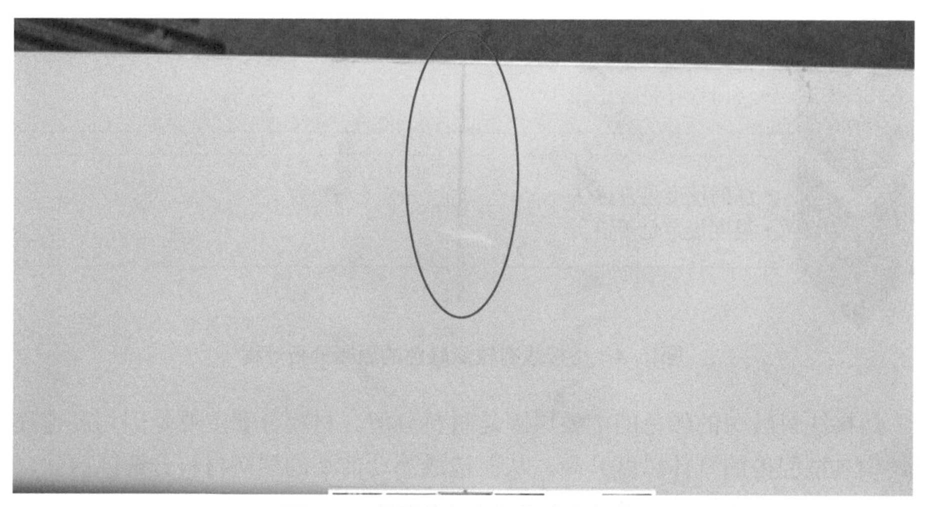

图15-2　熔接线颜色深的缺陷图片2

15.3 原因分析思路

熔接线有较深的颜色与塑料材料有关系，但是不可能因为这种影响而建议客户更换材料，这是客户难以接受的。所以重点从模具结构和注塑成型工艺方面进行改善。图15-3所示为熔接线有较深颜色的原因分析。

图15-3　熔接线有较深颜色的原因分析

根据图15-3中的影响因素，针对熔接线有较深颜色这个问题，按图15-4所示流程进行分析。

模具因素
· 排气是否充足
· 浇口设计是否正确

注塑工艺因素
· 注射速度是否过快
· 温度设定是否恰当

图15-4　熔接线有较深颜色的原因分析流程

熔接线有较深的颜色的主要原因是材料分解。材料分解主要是因为高速注射时，模具型腔内的气体温度升高，从而造成流动前端的塑料材料分解或碳化。所以重点是如何降低注射速度和排气。

15.4 原因分类

模具
1 排气不畅造成氧化而降解。
2 浇口位置设计不正确。

注塑工艺
1 结合线附近不适当的流动导致色料分离。
2 塑料过热导致结合线附近脱色。
3 注射速度太快，气体未及时排出，烧黑造成的。

15.5 解决方案

模具
1 改善排气设计，必要时改变结合线形成位置。
2 改变浇口位置，使结合线位置产生变化，移动到可接受的范围内。

注塑工艺
1 调整注射速度从而改变波前速度。
2 降低材料温度。
3 降低注射速度。

第16章 表面光泽不良

16.1 缺陷定义

表面光泽度不良是指塑料产品的表面上整体或是局部位置暗沉没有光泽或者局部发亮。

透明塑料产品如果透明性差，大部分情况下会降低产品的透光性，从而影响产品的使用。所以这种影响品质的外观缺陷属于客户重点关注的范畴，可以与客户进行协商确定验收标准和验收限度样板。

16.2 缺陷图片

图16-1～图16-7所示为表面光泽不良的缺陷图片。

图16-1　表面光泽不良的缺陷图片1

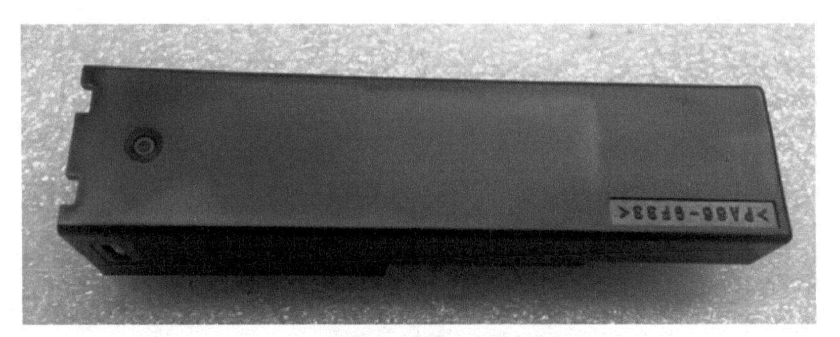

图16-2　表面光泽不良的缺陷图片2

图16-3　表面光泽不良的缺陷图片3

图16-4　表面光泽不良的缺陷图片4

图16-5　表面光泽不良的缺陷图片5

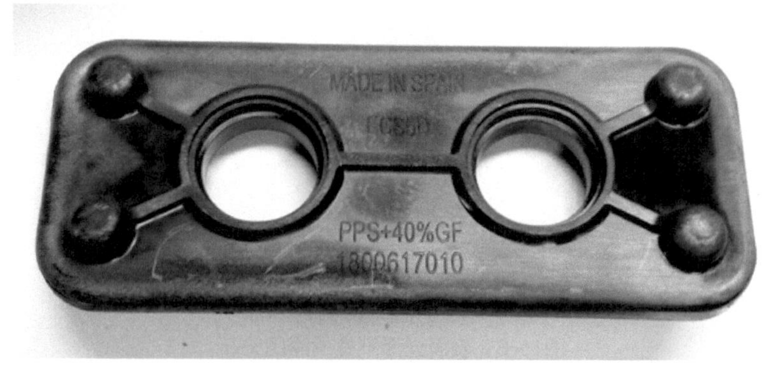

图16-6　表面光泽不良的缺陷图片6

图16-7　表面光泽不良的缺陷图片7

16.3 原因分析思路

通过人、机、料、法、环的方法进行表面光泽不良分析，将影响产品的所有因素进行分类汇总，再根据产品开发的流程进行分析。图16-8所示为表面光泽不良的原因分析。

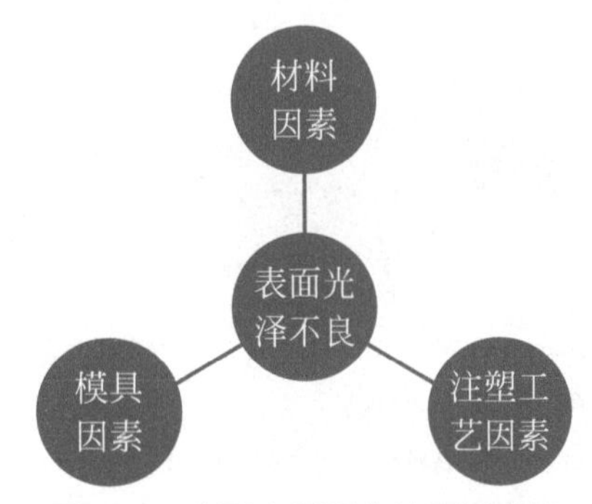

图16-8　表面光泽不良的原因分析

根据图16-8中的影响因素，针对表面光泽不良这个问题，按图16-9所示流程进行分析。

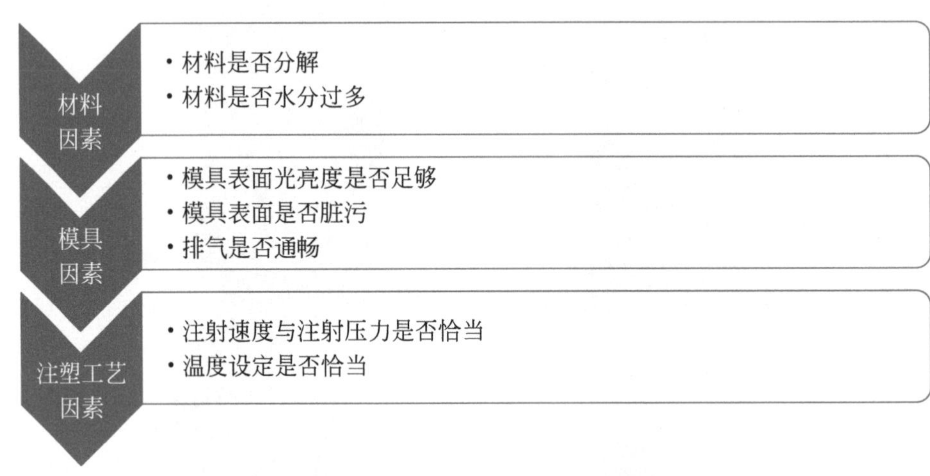

图16-9　表面光泽度不良的原因分析流程

产品表面光泽不良的主要影响因素在模具和注塑工艺方面。首先观察模具表面是否有影响表面光泽的因素，然后再对注塑工艺参数进行调整。而注塑工艺参数中，产品是否能够充饱与模具温度又是最重要的影响因素。

16.4 原因分类

材　料

1 塑料的干燥程度不足。

2 材料流动性较差。

3 材料分解变色。

模　　具

1 模穴表面氧化、磨耗或抛光亮度不足。
2 模具型腔表面有油污、水分，脱模剂用量太多或选用不当。
3 模具温度设定不当，模具温度过高或过低。
4 脱模斜度太小，断面厚度突变，筋位过厚，浇口和流道截面太小或突然变化，浇注系统剪切作用太大，熔料呈湍流态流动。
5 模具排气不良。

注塑工艺

1 注射速度太快或太慢，注射压力太低，保压时间太短，增压器压力不够。
2 纤维增强塑料的填料分散性能太差，填料外露或铝箔状填料无方向性分布，料筒温度太低，熔料塑化不良以及供料不足。
3 在浇口附近或变截面处产生暗区。
4 料筒温度太高或太低。

16.5 解决方案

材　　料

1 延长干燥时间。
2 添加流动性好的助剂或更换成型材料。
3 降低成型时的温度或更换耐高温的材料。

模　　具

1 清洗模具表面或增加模具表面的抛亮度要求或在模具设计时选用较好的模具钢材。
2 模具型腔表面必须保持清洁，及时清除油污和水渍。脱模剂的品种和用量要适当或不使用。
3 为了增加光泽，可适当提高模温。根据塑料材料性能进行选择，并确保模温和稳定性。这里需要重点注意，对于高光产品提高模具温度可以增加光泽，但是对于纹面产品，提高模具温度，其光泽会变暗。
4 增大脱模斜度或调整浇口。
5 加开排气槽或改变排气设计，提升排气效果。

注塑工艺

1 成型时塑料产品密度有差异，需要对具体情况进行调整。
2 改用混料效果更好的专用型螺杆，加强熔融和塑化能力。
3 降低注射速度，改变浇口位置，扩大浇口面积以及在变截面处增加圆弧过渡。
4 调整料筒温度。

第17章

喷流

17.1 缺陷定义

喷流是指在成品表面类似蛇纹的熔料喷流纹。通常发生在浇口附近或有压缩的区域附近。

这种缺陷如果位于可见的重要外观面是不可接受的，但如果是内部件，不明显的喷流缺陷基本可接受，一般情况下会做限度样品进行验收。

17.2 缺陷图片

图17-1～图17-4所示为喷流的缺陷图片。

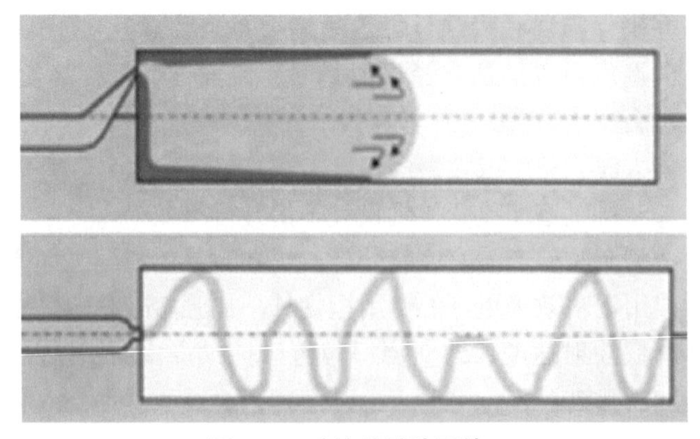

图17-1　喷流的缺陷图片1

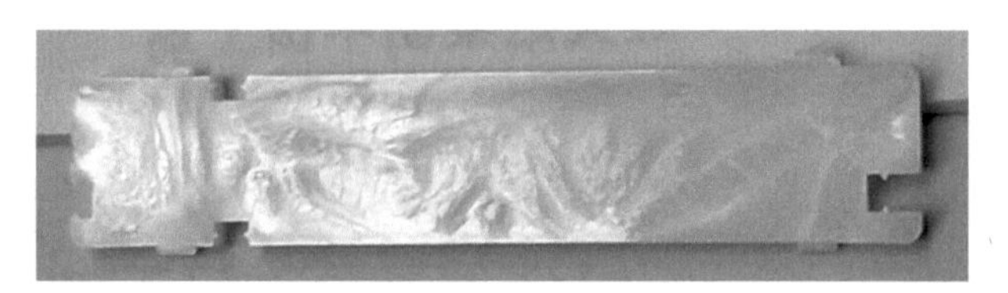

图17-2　喷流的缺陷图片2

图17-3　喷流的缺陷图片3

图17-4　喷流的缺陷图片4

17.3 原因分析思路

通过人、机、料、法、环的方法进行喷流缺陷分析，将影响产品的所有因素进行分类汇总，再根据产品开发的流程进行分析。图17-5所示为喷流的原因分析。

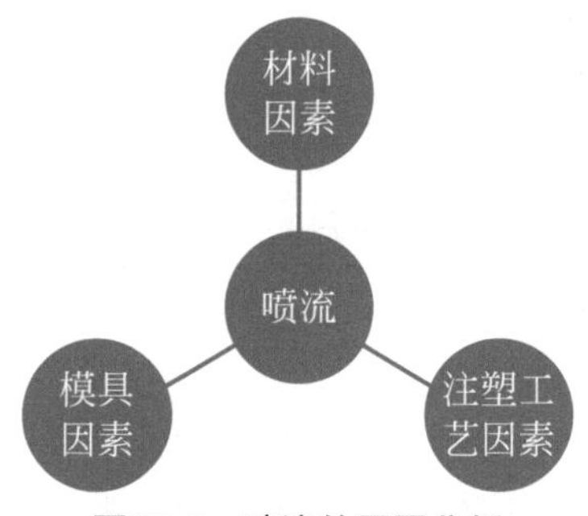

图17-5　喷流的原因分析

根据图17-5中的影响因素，针对喷流这个问题，按图17-6所示流程进行分析。

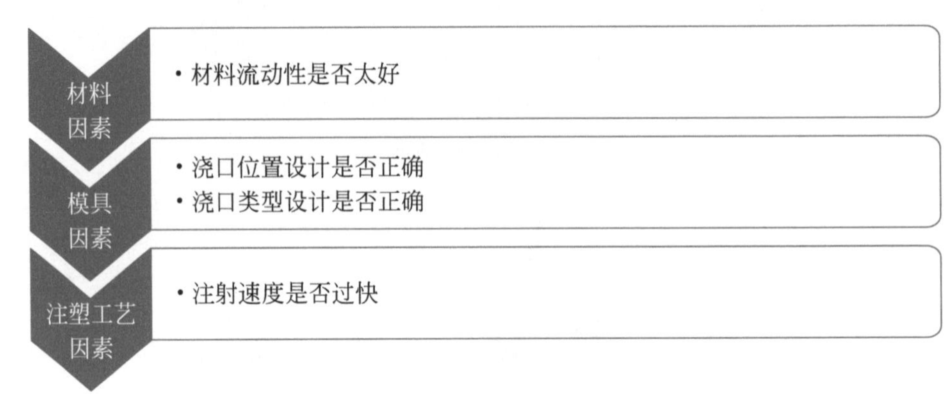

图17-6 喷流的原因分析流程

喷流这种缺陷，可以通过试高、低注射速度确认是否有明显的变化。如果怎么调试都有喷流现象，证明喷流与注塑工艺参数无直接关系，可以根据实际经验与理论相结合，改善浇口的位置和类型去解决问题。

17.4 原因分类

材料 材料流动性太好。

模具
1 浇口或成品厚度设计不良，无法形成层流。
2 浇口位置无抵挡墙，材料直接进入模穴。
3 浇口尺寸过小或薄壁区域尺寸过小。

注塑工艺 注射速度过快。

17.5 解决方案

材料 降低材料的流动性或更换材料。

模具
1 重新设计成品壁厚。
2 增大浇口截面尺寸。
3 重新设计浇口尺寸（如加大尺寸）及位置（加阻挡）。

注塑工艺 调整注射速度，使材料慢速进入模具型腔填充。

第18章

产品崩缺

18.1 缺陷定义

产品崩缺是指塑料制品某一区域发生崩裂或崩断，而造成的产品外观和结构的缺陷。主要发生在脆性材料产品的尖角或薄料部位。

对于产品崩缺，需要看具体缺陷的位置，根据客户开发的产品性能要求，才可以确定是属于轻微外观缺陷还是严重外观缺陷。一般情况下客户对这种缺陷是不可接受的。如果是由于制造企业在生产过程中的操作导致产品崩缺，企业考虑到已耗费的成本，会与客户沟通是否可以酌情考虑采用产品。

18.2 缺陷图片

图18-1～图18-6所示为产品崩缺的缺陷图片。

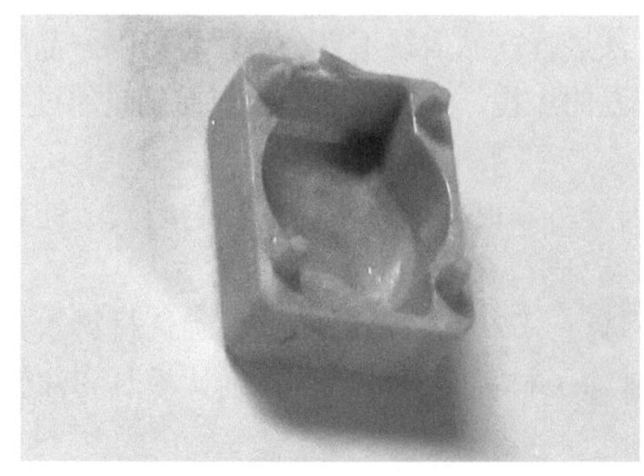

图18-1　产品崩缺的缺陷图片1

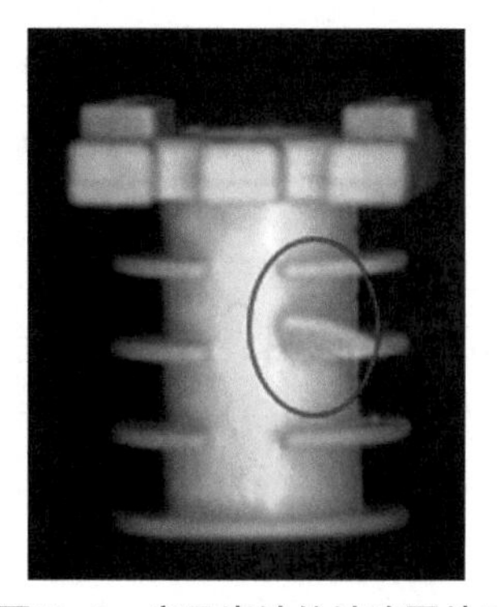

图18-2　产品崩缺的缺陷图片2

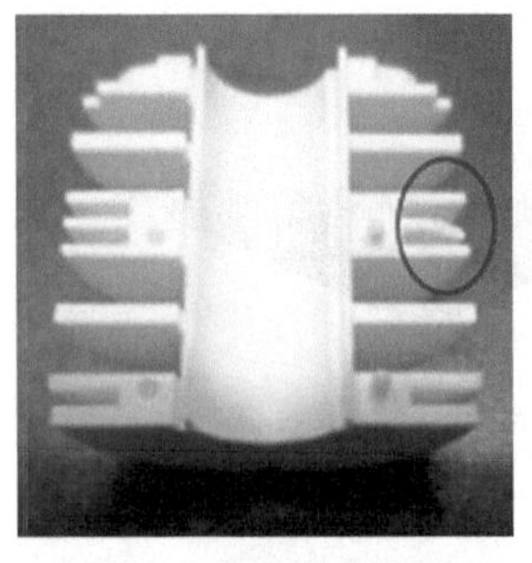
图18-3　产品崩缺的缺陷图片3

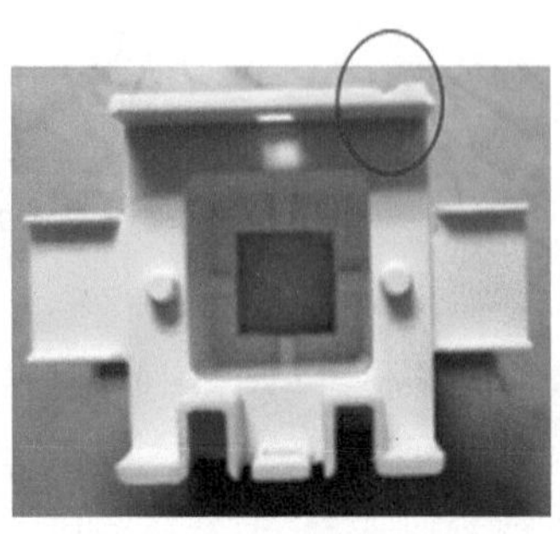
图18-4　产品崩缺的缺陷图片4

图18-5　产品崩缺的缺陷图片5

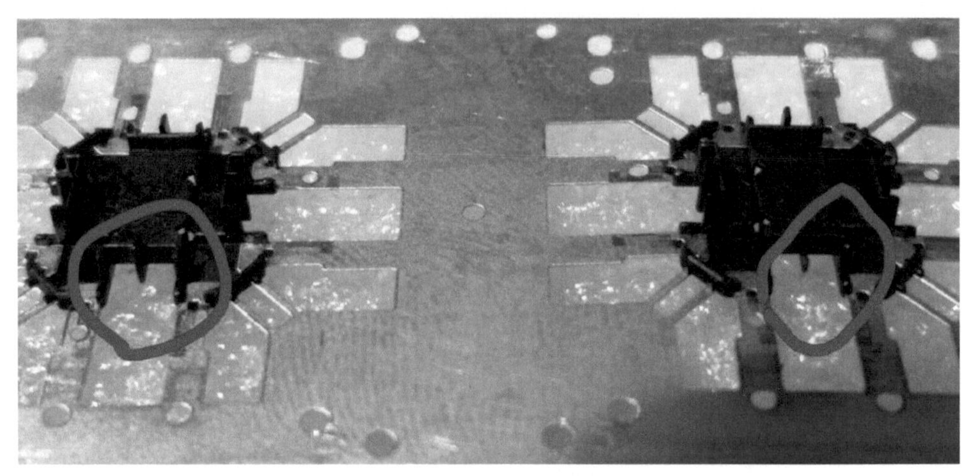
图18-6　产品崩缺的缺陷图片6

18.3 原因分析思路

通过人、机、料、法、环的方法进行产品崩缺不良分析，将影响产品的所有因素进行分类汇总，再根据产品开发的流程，从产品开发到产品确认的过程进行分析。

图18-7所示为产品崩缺的原因分析。根据图18-7中的影响因素，针对产品崩缺的问题，按图18-8所示流程进行分析。

如果产品产生崩缺，可以来回折一下产品较薄的部位，确认材料本身是否较脆或者性能已经发生了改变。排除了材料的问题后，再确认模具和注塑工艺的原因。

材料
因素
产品
崩缺
模具
因素
注塑工
艺因素

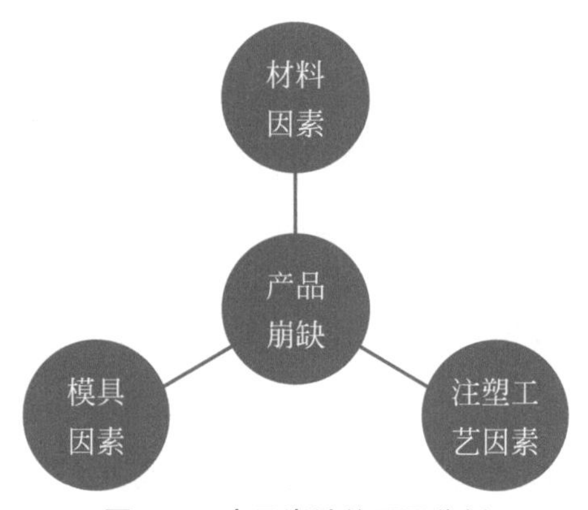

图18-7　产品崩缺的原因分析

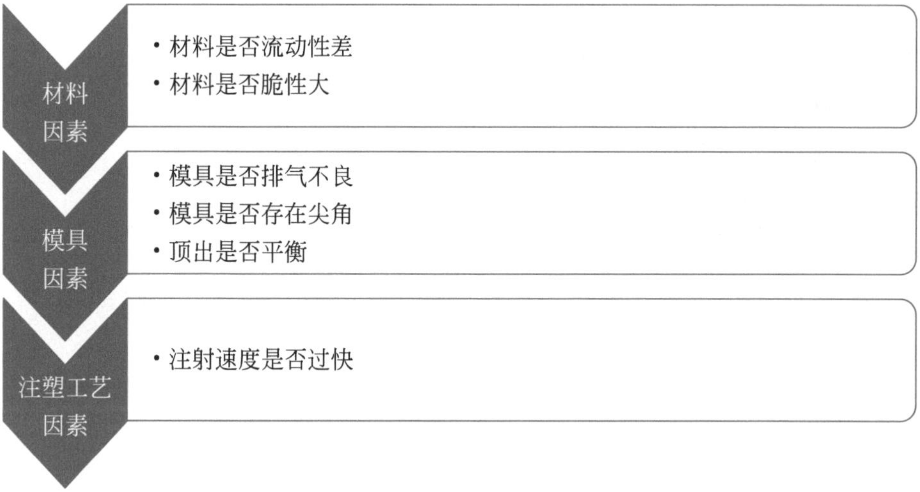

材料
因素
· 材料是否流动性差
· 材料是否脆性大
模具
因素
· 模具是否排气不良
· 模具是否存在尖角
· 顶出是否平衡
注塑工艺
因素
· 注射速度是否过快

图18-8　产品崩缺的原因分析流程

18.4 原因分类

材　料
1 熔融料的流动性差。
2 塑料的流动路径过长。
3 材料脆性大。

模　具
1 模具排气设计不良，产品无法完全填充，使得强度降低。
2 模具存在尖角，使转角位置应力集中，产生暗裂或断裂。
3 顶出不平衡，顶裂产品。

注塑工艺
1 注射速度过快，产生的高温气体与熔融的材料混合在一起，降低材料的性能。
2 保压压力较大，粘住模具，顶出受力造成开裂或崩缺。

18.5 解决方案

材　料
1 提高料温、模温，改善熔融料流动特性。
2 添加助剂或增加成品壁厚设计，重新设计浇口位置，缩短熔融料流长比。
3 增加助剂改善材料脆性或更换材料。

模　具
1 改善模具排气效果。
2 模具倒角，防止应力集中。
3 增加顶针。

注塑工艺
1 降低注射速度，防止粘模。
2 降低保压压力，防止粘模。

产品强度不足或开裂

19.1 缺陷定义

产品强度不足或开裂是指产品遭受外力时，局部容易产生开裂，破坏产品的整体性能。

产品强度不足或开裂对于一个产品来说是致命缺陷，完全不可接受。产品开裂一般情况下会伴随产品变色。主要体现以下几点：1 注射出来产品直接就开裂；2 在弯曲测试时开裂，达不到测试要求，没有通过测试；3 在产品装配过程中开裂；4 在极端使用环境下开裂。

19.2 缺陷图片

图19-1～图19-5所示为产品强度不足或开裂的缺陷图片。

图19-1　产品强度不足或开裂的缺陷图片1

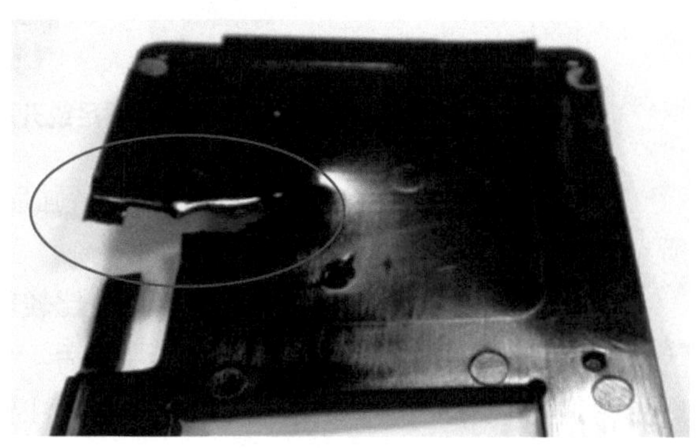

图19-2　产品强度不足或开裂的缺陷图片2

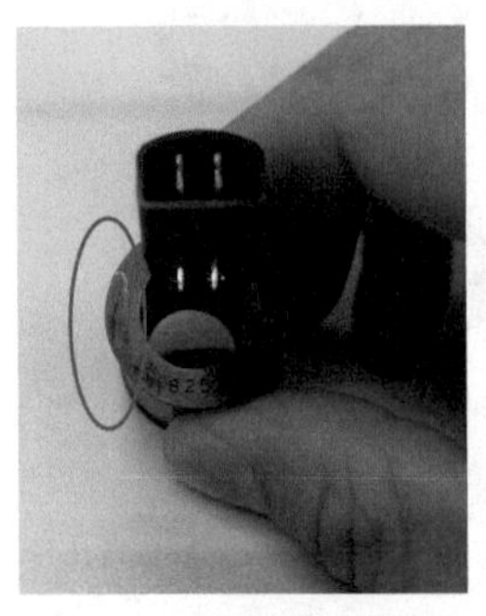

图19-3 产品强度不足或开裂的缺陷图片3

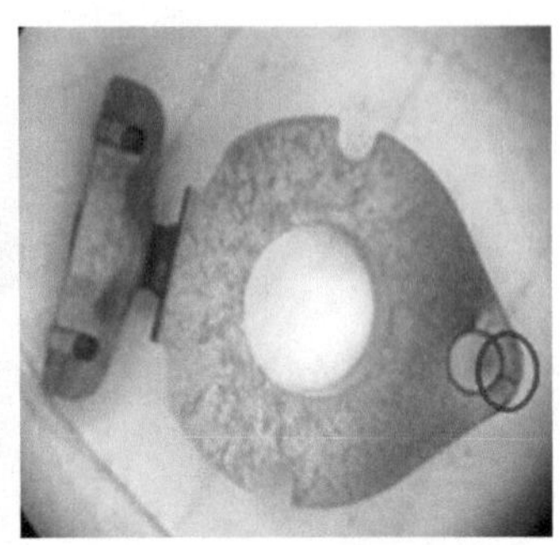

图19-4 产品强度不足或开裂的缺陷图片4

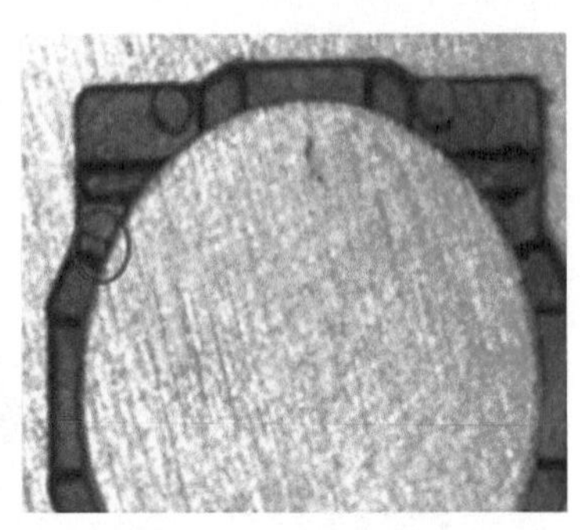

图19-5 产品强度不足或开裂的缺陷图片5

19.3 原因分析思路

利用人、机、料、法、环的方法进行分析，将影响产品的所有因素进行分类汇总，再根据产品开发的流程，从产品开发到产品确认的过程逐步进行分析。图19-6所示为产品强度不足或开裂的原因分析。

图19-6 产品强度不足或开裂的原因分析

根据图19-6中的影响因素，针对产品强度不足或开裂这个问题，按图19-7所示流程进行分析。

多数从业人员看到产品的时候，就能比较容易从产品设计、塑料材料和模具等方面做一个初步的判断。进行初步判断后，再对注塑工艺参数进行调整，就会有更明确的思路。从而找到是注塑工艺还是注塑机本身的原因。

产品设计因素	• 产品结构是否合理，有尖角造成的应力集中 • 产品壁厚是否均匀，强度不足
材料因素	• 材料本身是否较脆 • 材料是否混入再生料或有其他杂料及溶剂
模具因素	• 模具浇口大小是否合理 • 模具顶出位置或顶针大小是否合理
注塑工艺因素	• 熔融压力和速度设定是否恰当 • 温度和时间设定是否恰当
注塑机因素	• 在设备内停留时间是否过长 • 顶出杆是否平衡

图19-7　产品强度不足或开裂的原因分析流程

19.4 原因分类

产品设计
1 产品有应力开裂的尖角或厚度相差大。
2 产品太薄或掏空太多，造成强度不足。

材　料
1 原料有其他杂质或掺杂了不适当的溶剂。
2 塑料在受潮状况下加热会与水汽发生催化裂化反应。
3 塑料在料筒内加热时间太长。
4 塑料本身性能不足。

模　具
1 浇口太小。
2 分流道太小或配置不当。
3 模具结构不良造成注塑周期反常。
4 顶出设计或顶出条件不合理。

注塑工艺
1 料筒、喷嘴温度太低。

2 降低螺杆背压压力和转速，减少塑料因剪切过热而造成的降解。
3 模具温度太高，脱模困难；模具温度太低，塑料过早冷却，熔接缝融合不良，容易开裂。

注塑机 1 料筒内有障碍物，容易加剧塑料降解。
2 注塑机的塑化量不够或过多，造成塑料在料筒内塑化不充分或塑化时间太长。
3 顶出装置倾斜或不平衡。

19.5 解决方案

产品设计 1、2 更改产品结构，保证产品的光滑过渡及壁厚的均匀性。

材料 1 注意保持材料洁净。 2 保证材料烘烤时间。
3 降低材料在料筒内的停留时间。 4 选用高强度的塑料。

模具 1 增大浇口尺寸。 2 增大主流道、分流道尺寸。
3 尽量保证冷却均匀，周期稳定。 4 根据产品结构调整顶针位置。

注塑工艺 1 降低料筒和喷嘴的温度。
2 降低背压、螺杆转速和注射速度，减少过多剪切热的产生。
3 如果是熔接线强度不足导致的发脆，则可以通过增加熔体温度，加大注射压力的方法，提高熔接线的强度。

注塑机 1 定期保养设备。
2 选择合适的注塑机。
3 定期保养顶出机构，及时更换易损件。

第20章 银纹

20.1 缺陷定义

银纹（料花、银丝）一般是在产品进料边缘流动方向产生，产品表面呈银白色状纹路。主要形成的原因是材料中含有的气体，在注射时无法排出。

银纹属于轻微外观缺陷，多数情况下是可以解决的。但是存在不稳定性因素，所以需要与客户进行协商确认，并签订限度样板，作为企业的检验标准。

20.2 缺陷图片

图20-1～图20-7所示为银纹的缺陷图片。

图20-1　银纹的缺陷图片1

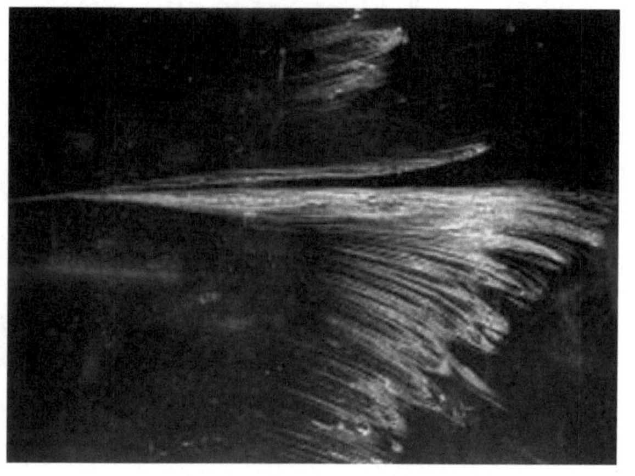

图20-2　银纹的缺陷图片2

图20-3　银纹的缺陷图片3

图20-4　银纹的缺陷图片4

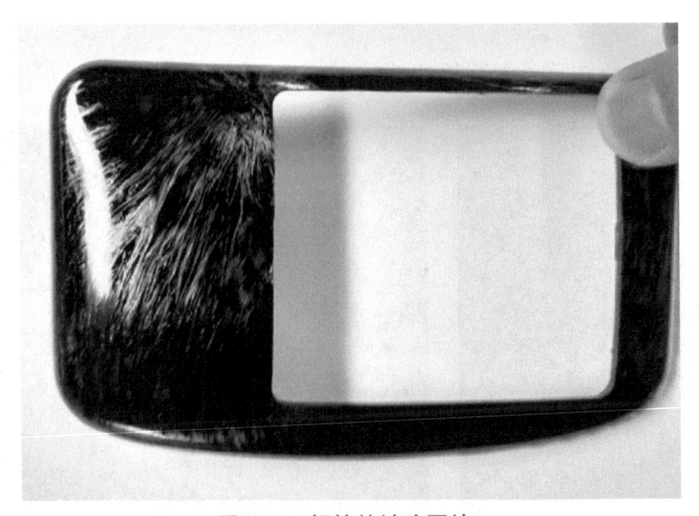

图20-5　银纹的缺陷图片5

图20-6　银纹的缺陷图片6

图20-7　银纹的缺陷图片7

20.3 原因分析思路

利用人、机、料、法、环的方法进行分析，将影响产品的所有因素进行分类汇总，再根据产品开发的流程逐步进行分析。图20-8所示为银纹的原因分析。

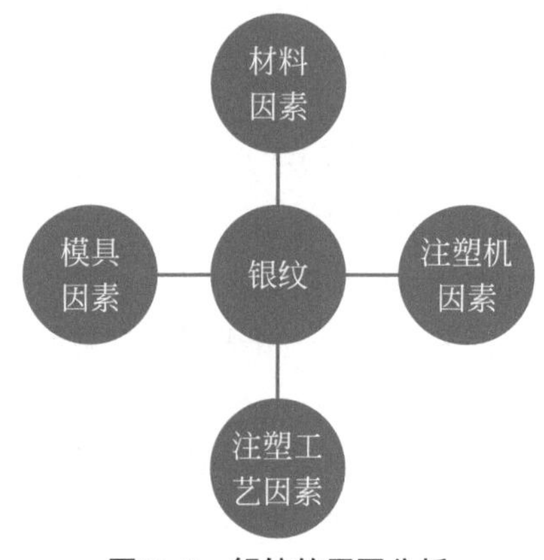

图20-8　银纹的原因分析

根据图20-8中的影响因素，针对银纹这个问题，按图20-9所示流程进行分析。

材料因素
- 材料是否混入粉尘或有水分
- 材料是否混入再生料或有其他杂料
- 材料本身是否耐温

模具因素
- 模具浇口大小是否合理
- 模具是否排气不足
- 模具是否漏水、气、油等

注塑工艺因素
- 料温是否太高
- 材料停留时间是否过长
- 是否背压低，转速快

注塑机因素
- 是否射嘴孔小
- 熔融配件是否磨损

图20-9　银纹的原因分析流程

对于塑料材料和模具方面的原因，多数从业人员看到产品时就比较容易做一个初步判断。进行初步判断后，再对注塑工艺参数进行调整，就会有更明确的思路。从而判断是注塑工艺还是注塑机本身的原因。

20.4 原因分类

材　料

1 原料中混入杂料或粒料中掺入大量粉尘，熔融时容易夹带空气，有时会出现银纹。原料受污染或粉尘过多时容易受热分解。

2 回料（水口料）添加过多。

3 材料中的助剂分解形成银纹。

4 材料中水分过多，未能充分干燥，导致制件出现银纹。

5 材料本身不耐高温。

模　具

1 浇口位置不佳、浇口太小、多浇口制件浇口排布不对称、流道细小、模具冷却系统不合理使模具温度差异太大等都会造成熔融料在模腔内流动不连续，堵塞空气通道。

2 转角的位置过于尖锐，料流经过时剪切过大导致银纹出现。
3 模具分型面排气不足、位置不佳，不能排尽空气。
4 模具表面粗糙，摩擦阻力大，造成局部过热，使通过的塑料分解。
5 模具漏油、漏水、漏气，油、水、气进入模具型腔，导致制件表面出现银纹。

注塑工艺
1 料温太高，造成分解。
2 注射速度太快，使熔融塑料受剪切作用过大而分解，产生气体；注射速度太慢，不能及时充满型腔，造成制品表面密度不足，产生银纹。
3 料量不足、加料缓冲过大、料温太低或模温太低都会影响熔料的流动和成型压力，产生气泡。
4 螺杆预塑时背压太低、转速太高，使螺杆退回太快，空气容易随料一起推向料筒前端。
5 螺杆抽料量过大。

注塑机
1 喷嘴孔太小、物料在喷嘴处流涎或拉丝、料筒或喷嘴有障碍物，高速料流经过时产生摩擦热使物料分解。
2 料筒、螺杆磨损或过料头、过料圈存在料流死角，长期受热而分解。
3 加热系统失控，造成温度过高而分解。螺杆设计不当，造成分解或带进空气。

20.5 解决方案

材料
1 清洁环境及混料环境。
2 减少回料的添加量或不添加回料。
3 更换助剂或不使用助剂。
4 烘料。
5 更换材料。

模具
1 加大浇口。
2 对结构进行倒角。
3 加开排气。
4 抛光模具表面。
5 检查模具有没有油、水、气的泄漏。

注塑工艺
1 降低料温。
2 降低注射速度。
3 增加料量。
4 提高背压。
5 减少螺杆抽料的量。

注塑机
1 选择合适的喷嘴孔。
2 更换注塑机抽料部位结构内部零件。
3 检查加热部位和螺杆型号，评估后进行更换。

第21章 气泡

21.1 缺陷定义

气泡是指产品的壁厚中心处由于冷却较慢，表面迅速冷却和收缩将物料牵引拉扯，从而使成型时体积收缩不均而产生了空洞；另外原料受热分解时产生的水分和空气也会形成产品内部的气泡。

这种缺陷通常的表现是在成品内部包含许多很微小的气泡，也会伴随银纹发生。对于有防水性能要求的精密塑料产品，即便一个微小的气泡严重情况下也会导致整个产品的退货和客户投诉。所有精密部件和高品质部件都不接受这种外观缺陷。

21.2 缺陷图片

图21-1～图21-9所示为气泡的缺陷图片。

图21-1　气泡的缺陷图片1

图21-2　气泡的缺陷图片2

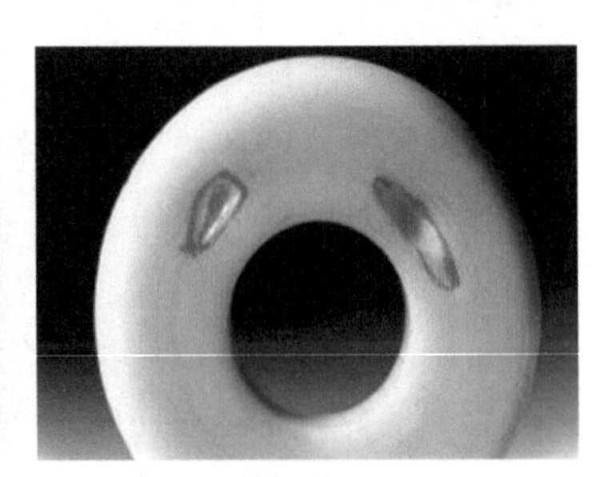

图21-3　气泡的缺陷图片3

图21-4　气泡的缺陷图片4

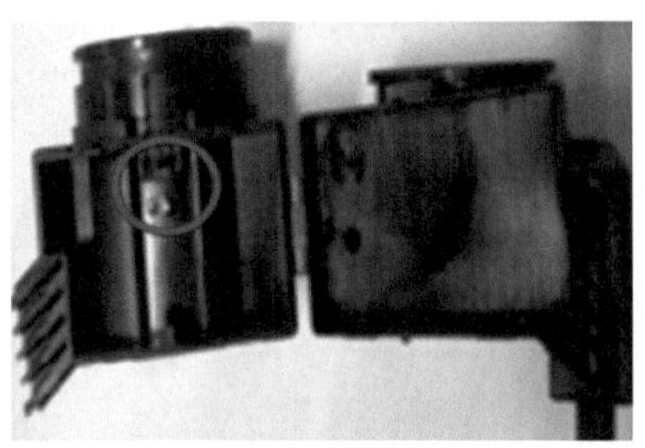

图21-5　气泡的缺陷图片5

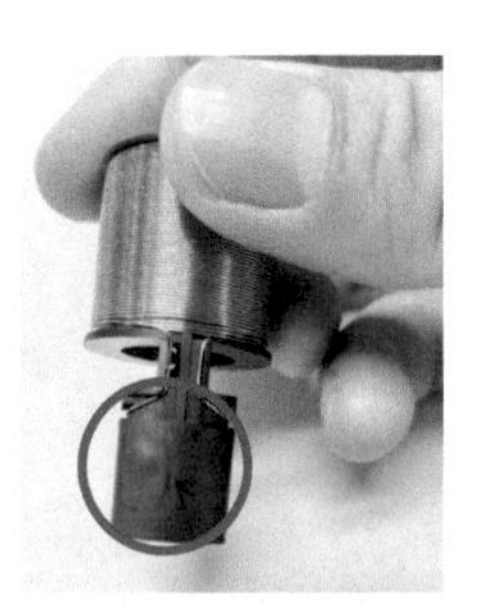

图21-6　气泡的缺陷图片6

图21-7　气泡的缺陷图片7

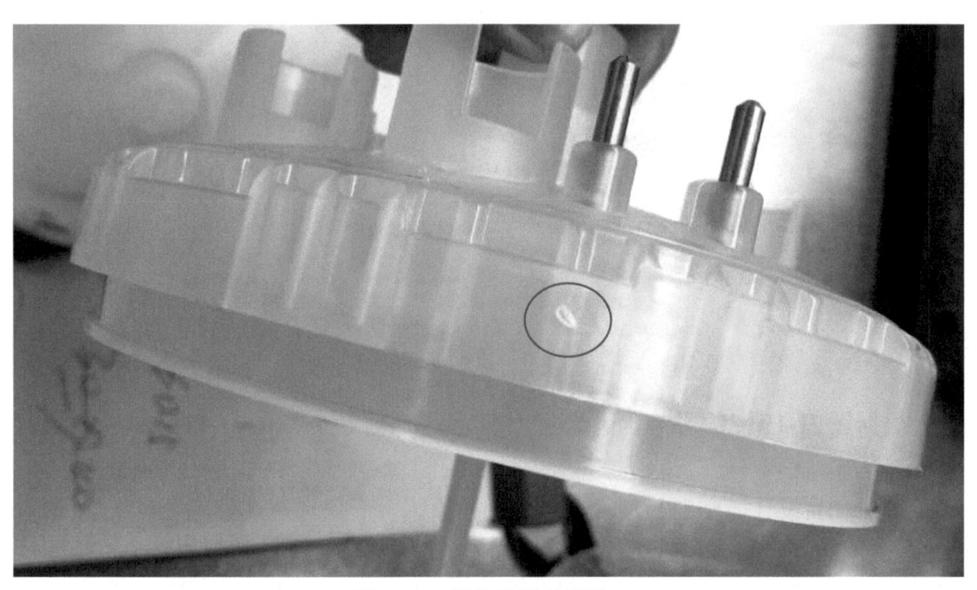

图21-8　气泡的缺陷图片8

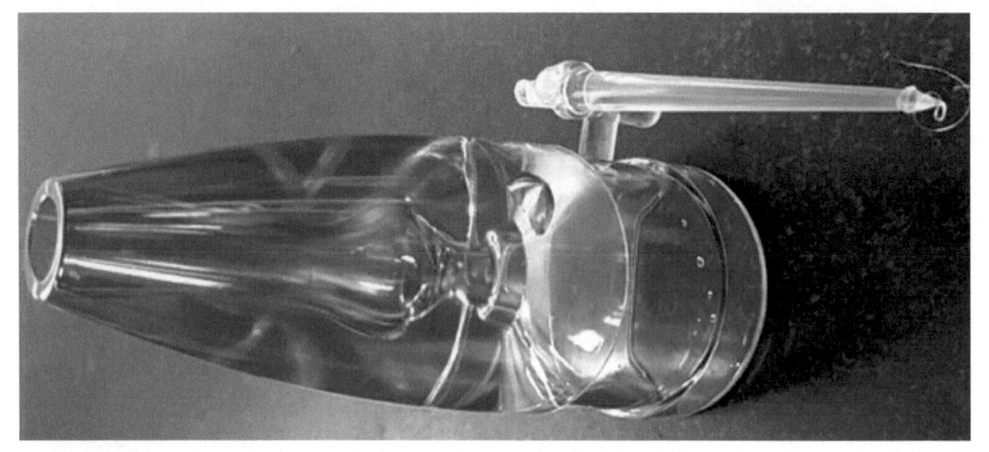

图21-9　气泡的缺陷图片9

21.3 原因分析思路

利用人、机、料、法、环的方法进行分析，将影响产品的所有因素进行分类汇总，再根据产品开发的流程逐步进行分析。图21-10所示为气泡的原因分析。

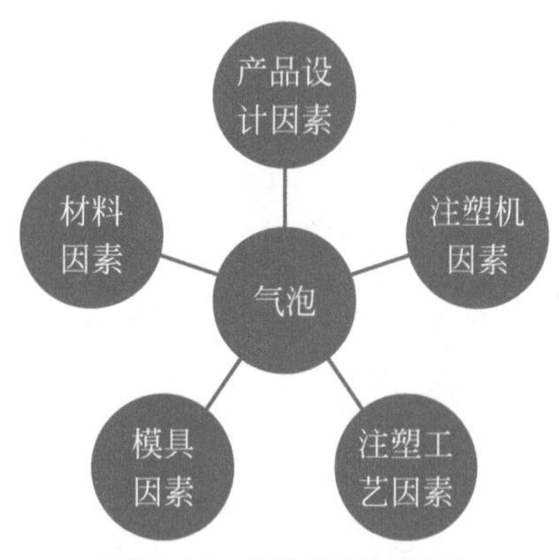

图21-10　气泡的原因分析

根据图21-10中的影响因素，针对气泡这个问题，按图21-11所示流程进行分析。

对于产品设计、塑料材料和模具方面的原因，一般通过观察就可以发现问题，从业人员看到产品就能够比较容易做一个初步的判断。进行初步判断后，再对注塑工艺参数调整，就会有更明确的思路，从而找到注塑产品缺陷的具体原因。

产品设计因素
- 产品结构是否合理，产品壁厚是否均匀

材料因素
- 材料是否有微孔，存留有空气
- 材料水分是否过多
- 材料是否高温分解出气体

模具因素
- 模具浇口大小是否合理
- 模具排气是否合理
- 模具表面是否粗糙

注塑工艺因素
- 熔融压力和速度设定是否恰当
- 温度和时间设定是否恰当
- 射料量是否充足
- 是否背压低，气体未完全排出

注塑机因素
- 物料在设备内停留时间是否过长
- 射嘴孔是否太小

图21-11　气泡的原因分析流程

21.4 原因分类

产品设计 产品厚度设计不良，局部过厚。

材　　料
1. 原料中混入其他塑料或粒料中掺入大量粉料，熔融时容易夹带空气。
2. 使用了回料，料粒结构疏松，微孔中储留的空气量大。
3. 原料中含有挥发性溶剂或液态助剂，如助染剂白油、润滑剂硅油、增塑剂邻苯二甲酸二丁酯以及稳定剂、抗静电剂等，各种助剂用量过多或混合不均，以聚集状态进入型腔，形成气泡。
4. 塑料没有进行干燥处理或从大气中吸潮。
5. 有些牌号的塑料，本身不能承受较高的温度或较长的受热时间。

模　　具
1. 设计缺陷，如浇口位置不佳、浇口太小、流道细小、模具冷却系统不合理使模温差异太大等造成熔料在模腔内流动不连续，堵塞了空气的通道。
2. 模具分型面排气不足、堵塞等。
3. 模具表面粗糙，摩擦阻力大，造成局部过热，使通过的塑料分解。

注塑工艺 1 料温太高，造成分解。

2 注射压力小，保压时间短，使熔料与型腔表面不密贴。

3 注射速度太快，使熔融塑料受剪切作用而分解产生气体；注射速度太慢，不能及时充满型腔，造成制品表面密度不足，产生气泡。

4 料量不足、加料缓冲垫过大、料温太低或模温太低，都会影响熔料的流动和成型压力，产生气泡。

5 采用多段注射减少气泡，即中速注射充填流道→慢速填满浇口→快速注射→低压慢速将模注满，使模内气体能在各段及时排除干净。

6 螺杆预塑时，背压太低、转速太高，使螺杆退回太快，空气容易随料一起推向料筒前端。

注 塑 机 喷嘴孔太小；物料在喷嘴处流涎或拉丝；料筒或喷嘴有障碍物或毛刺；高速料流经过时产生摩擦热使料分解。

21.5 解决方案

产品设计 尽量设计壁厚均匀的产品。

材　　料 1 使用纯原料。 2 减少或不使用回料。

3 减少助剂的使用。 4 按材料的标准时间进行烘烤。

5 更换材料或添加助剂，改善耐热性能。

模　　具 1 调整浇口位置及流道大小，尽量降低模具温度差异性。

2 开足排气。

3 根据客户需求及产品外观要求，减少表面粗糙度。

注塑工艺 1 降低料温。 2 加大注射压力和延长保压时间。

3 根据产品结构，调整注射速度。 4 加大料量。

5 使用多段注射。 6 升高背压，降低螺杆转速。

注 塑 机 使用大孔径的喷嘴或检查喷嘴口部是否有异物堵住。

21.6 案例分析

21.6.1 产品介绍

图21-12为产品气泡的案例。

产品材料为LCP，平均壁厚为0.30mm，模具采用直接浇口侧进料方式。产品的外形尺寸小，最薄位置壁厚只有0.2mm，使用的是耐高温的工程塑料，以满足客户的性能要求。注塑完成后，产品需要进行高温烘烤。

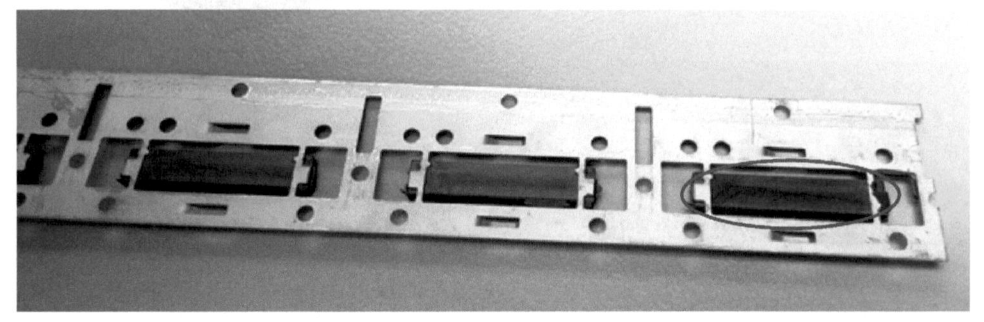

图21-12　产品气泡的案例

21.6.2　产品问题

塑料产品填充完成后，在烘烤过程中，外部包裹的塑料层与内部配件发生脱离，在熔接线位置有开裂痕和起泡。

21.6.3　原因及对策

（1）原因分析

从产品的图纸和样品来看，开裂和起泡是在最薄位处。产品在未进行烘烤前是没有开裂和气泡的。烘烤后，产品在熔接线的位置出现开裂或起泡。由此可分析得知：气泡的产生是因为产品的壁厚太薄，无法承受高温后内部结构所释放出来的气体。

（2）验证过程

针对产品缺陷，将高速注射、低速注射、高料温、低料温、高模温、低模温进行组合工艺调试与验证，问题都无法得到解决，没有明显的改善效果。

（3）方案对策

产品设计缺陷造成无法改变的最终产品缺陷，与开发部门人员进行沟通，在满足产品图纸尺寸要求的前提下，在0.2mm最薄处加料0.02mm，再次试制时产品开裂和起泡问题得以解决，保证了产品的顺利生产及生产的稳定性。

第22章 端子压铁屑

22.1 缺陷定义

端子压铁屑是指塑料产品在注射成型过程中需要放入金属配件，通过合模注塑后，金属配件有压伤现象，达不到客户外观和结构要求所形成的缺陷。

这类型的不良品必须要改善，铁屑如果在反复成型时粘在产品表面，可能会造成装配后线路短路而影响产品的功能。

22.2 缺陷图片

图22-1～图22-3所示为端子压铁屑的缺陷图片。

图22-1 端子压铁屑的缺陷图片1

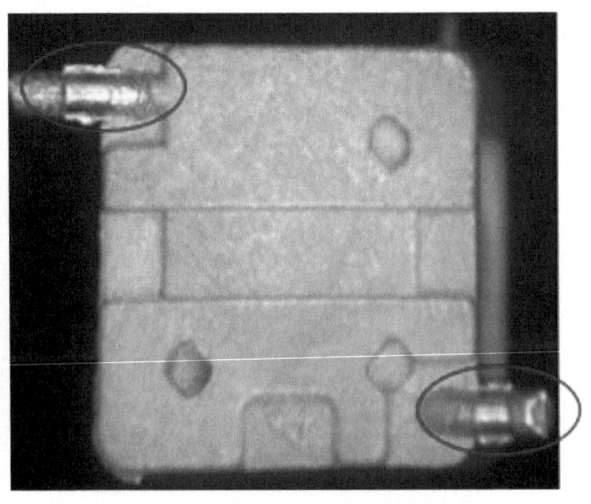

图22-2 端子压铁屑的缺陷图片2

图22-3　端子压铁屑的缺陷图片3

22.3 原因分析思路

通过人、机、料、法、环五大因素方法进行端子压铁屑不良分析，将影响产品的所有因素进行分类汇总，再根据产品开发的流程，从产品开发到产品确认的过程进行分析。图22-4所示为端子压铁屑的原因分析。

图22-4　端子压铁屑的原因分析

根据图22-4中的影响因素，针对端子压铁屑这个问题，按图22-5所示流程进行分析。

材料因素
- 金属材料来料的时候尺寸稳定性如何

模具因素
- 模具配合位置精度如何
- 模具是否存在漏加工
- 顶出是否平衡

图22-5　端子压铁屑的原因分析流程

22.4 原因分类

材　料
1 金属配件来料的时候，封料的位置尺寸和定位孔的尺寸精度未达到设计要求。
2 金属配件在模具温度条件下发生了膨胀，使配件的精度产生变化。

模　具
1 模具配合位置精度不高。
2 模具存在漏加工。
3 顶出不平衡，刮伤铁件。

22.5 解决方案

材　料
1 提高设计精度及金属配件的精度。
2 在选择材料时需要考虑使用环境和热膨胀性，模具设计时也要一并考虑进去。

模　具
1 提高模具配合位置的加工精度。
2 检查模具零件，重新加工。
3 考虑顶出平衡性，特别要注意金属配件也需要有顶出。

第23章 收缩凹陷

23.1 缺陷定义

收缩凹陷（缩水）是指产品表面由于体积收缩，成型固化后表面呈凹陷的现象，通常在产品柱位（BOSS柱）、筋位或壁厚部位对应表面或是离浇口位置最远处发生。

收缩凹陷缺陷多数是由于客户的产品结构设计不合理造成的，在后续生产过程中或多或少都会存在一点，难以彻底改善。所以前期产品开发考虑好的话，收缩凹陷基本上就可以消除。这类缺陷属于轻微外观缺陷，一般情况下可与客户进行协商，限度样板接受。

23.2 缺陷图片

图23-1～图23-7是收缩凹陷的缺陷图片。

图23-1　收缩凹陷的缺陷图片1

图23-2　收缩凹陷的缺陷图片2

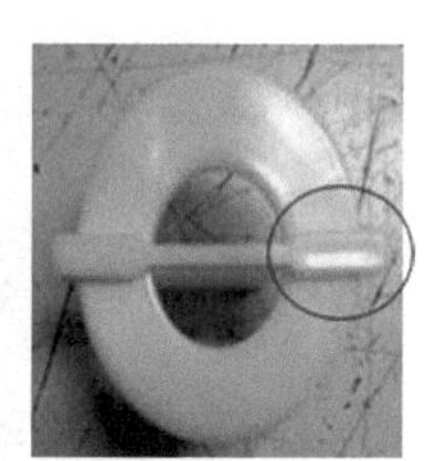

图23-3　收缩凹陷的缺陷图片3

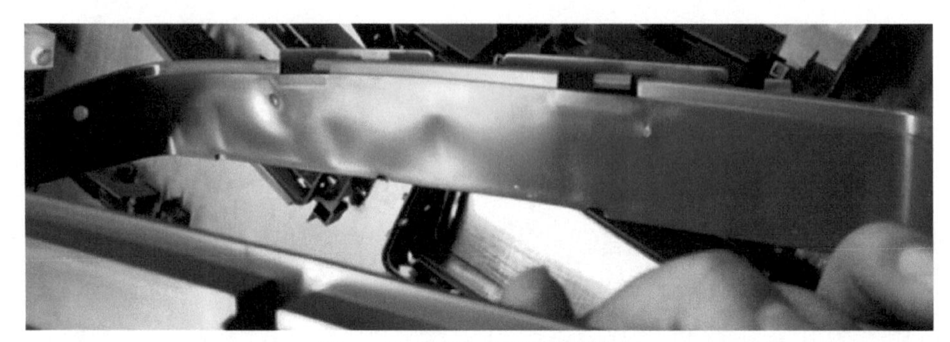

图23-4　收缩凹陷的缺陷图片4

图23-5　收缩凹陷的缺陷图片5

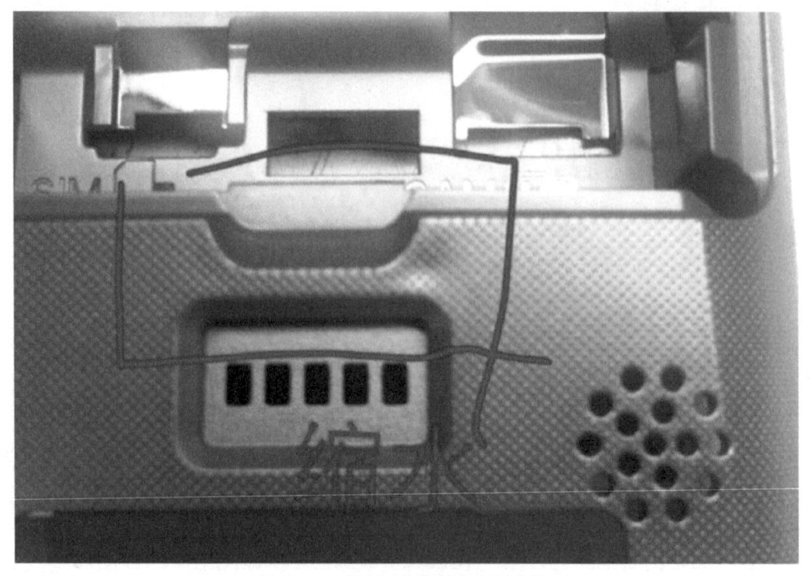

图23-6　收缩凹陷的缺陷图片6

图23-7　收缩凹陷的缺陷图片7

23.3 原因分析思路

利用人、机、料、法、环的方法进行分析，将影响产品的所有因素进行分类汇总，再根据产品开发的流程逐步进行分析。图23-8所示为收缩凹陷的原因分析。

图23-8　收缩凹陷的原因分析

根据图23-8中的影响因素，针对收缩凹陷这个问题，按图23-9所示流程进行分析。

产品设计因素
- 产品结构是否合理，产品壁厚是否均匀

材料因素
- 材料固有的特性如何

模具因素
- 模具浇口大小是否合理
- 模具浇口位置是否合理
- 模具冷却系统设计是否合理

注塑工艺因素
- 压力和速度设定是否恰当
- 温度和时间设定是否恰当
- 射料量是否充足

注塑机因素
- 供料是否充足
- 射嘴孔大小是否合理

图23-9　收缩凹陷的原因分析流程

对于产品设计、塑料材料和模具方面的原因，从业人员看到产品时，比较容易做出初步的判断。进行初步判断后，再对注塑工艺参数进行调整，就会有更明确的思路，从而找到是注塑工艺还是注塑机本身的原因。

23.4 原因分类

产品设计 产品壁厚设计不均匀。

材　料 原料的收缩率大小或冷却凝固时间决定产品收缩凹陷的根本原因。比如对于PP材料，注塑工艺对改善收缩凹陷的空间就不大。

模　具
1. 浇口太小或流道小，导致流道效率低、阻力大，熔料过早冷却。浇口也不能过大，否则失去了剪切速率，物料的黏度高，同样不能使制品饱满。
2. 浇口位置设计不合理。
3. 模具的关键部位应有效地设置冷却水道，保证模具的冷却对消除或减少收缩凹陷有很好的效果。

4 流道设计太长，无法保压到远端。

注塑工艺 1 增加注射压力、保压压力，延长保压时间。

2 提高注射速度可以较方便地使模腔充满并消除大部分的收缩。

3 薄壁制件应提高模具温度，保证料流顺畅；厚壁制件应降低模温以加速表皮的固化定型。

4 冷却时间太短。

5 注射时间不够。

注 塑 机 1 供料不足。螺杆头、过料圈、止逆环或螺杆磨损严重，注射及保压时，熔融料发生倒流，降低了充模压力和料量，造成熔料不足。

2 喷嘴孔太大或太小。太小容易堵塞进料通道；太大则使注射力小，填充发生困难。

23.5 解决方案

产品设计 壁厚尽量设计均匀，顺畅过渡。

材　　料 在材料中添加助剂以减少收缩，或更换材料。

模　　具 1 加大浇口或流道。

2 合理设计浇口位置。

3 合理设计冷却系统，保证温度均匀。

4 重新排位或使用热流道。

注塑工艺 1 合理设定压力和时间。

2 提高注射速度。

3 根据产品合理设定温度。

4 延长冷却时间。

5 延长注射时间。

注 塑 机 1 更换磨损的部件，增加熔料量。

2 根据产品结构，选择合适的射嘴孔。一般小产品，射嘴孔就选小孔径的；大产品，射嘴孔就选大孔径的。

第24章 熔接痕

24.1 缺陷定义

熔接痕是指熔融塑料被物体挡住造成分流或二道以上流道合流处未能完全融合而产生的细小线条。成品正反都在同一部位上出现细线。

熔接痕不仅对塑料产品的外观质量有影响，而且使塑料产品的力学性能如冲击强度、拉伸强度、断裂伸长率等受到不同程度的影响。如果熔接痕部位是装配位置，影响产品功能的话，就属于严重缺陷。仅是普通的外观面就属于轻微缺陷。

24.2 缺陷图片

图24-1～图24-5是熔接痕的缺陷图片。

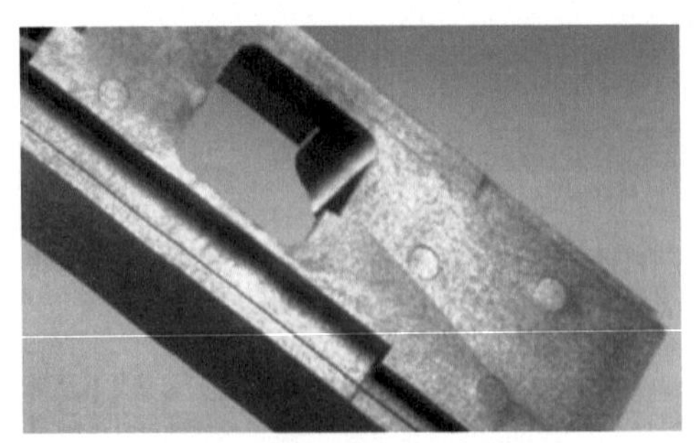

图24-1 熔接痕的缺陷图片1

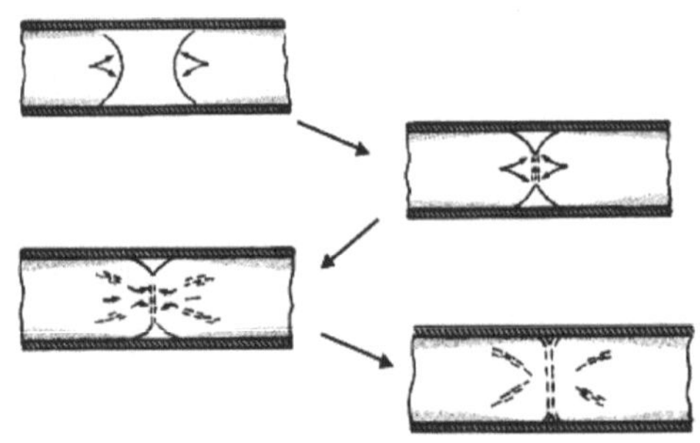

图24-2 熔接痕的缺陷图片2

图24-3　熔接痕的缺陷图片3

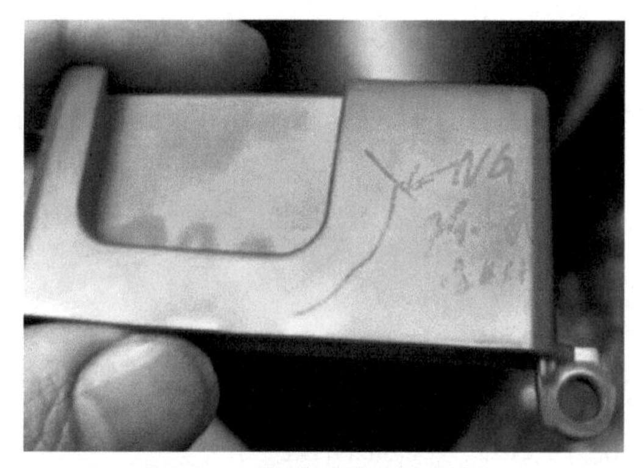

图24-4　熔接痕的缺陷图片4

图24-5　熔接痕的缺陷图片5

24.3 原因分析思路

利用人、机、料、法、环的方法进行分析，将影响产品的所有因素进行分类汇总，再根据产品开发的流程逐步进行分析。图24-6所示为熔接痕的原因分析。

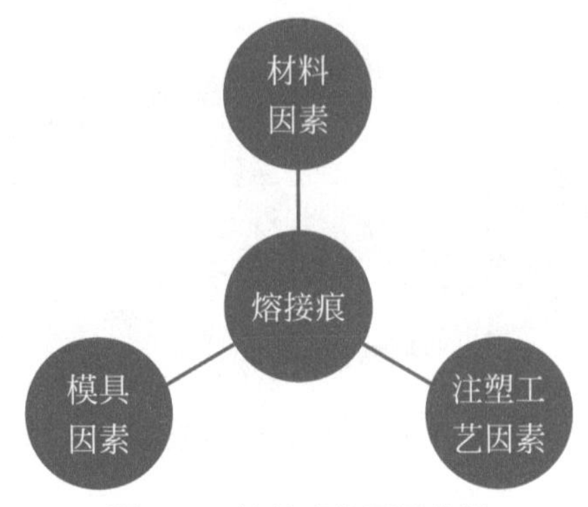

图24-6　熔接痕的原因分析

根据图24-6中的影响因素，针对熔接痕这个问题，按图24-7所示流程进行分析。

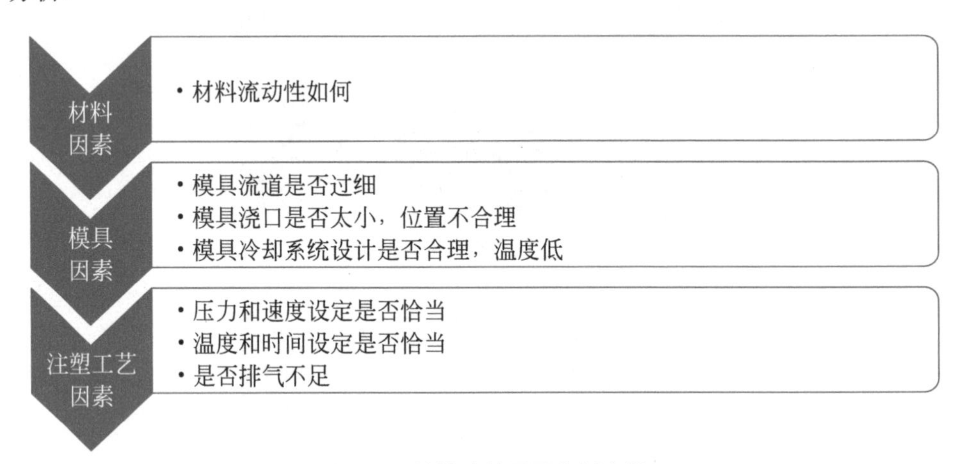

图24-7　熔接痕的原因分析流程

对于产品设计、塑料材料和模具方面的原因，多数从业人员看到产品时就比较容易做一个初步的判断。进行初步判断后，再对注塑工艺参数进行调整，就会有更明确的思路，从而找到是注塑工艺还是注塑机本身的原因。

24.4 原因分类

材料　塑料流动性差，熔体前锋经过较长时间后汇合产生明显熔接线。

模具　1 流道过细，冷料槽尺寸太小；模具排气不良。
2 浇口太小、位置不合理。　3 模具温度过低。

注塑工艺 1 注射时间过短。 2 注射压力和注射速度过低。 3 塑化的背压设定不足。 4 锁模力过大造成排气不良。 5 料筒、喷嘴温度设定过低。

24.5 解决方案

材料 对流动性差或热敏性高的塑料适当添加润滑剂及稳定剂；改用流动性好的或耐热性高的塑料。原料应干燥并尽量减少配方中的液体添加剂。

模具
1 开设、扩张或疏通排气通道。
2 调整浇口位置、数目和尺寸，调整型腔壁厚以及流道系统设计等以改变熔接线的位置。
3 提高模具温度或有目的地提高熔接缝处的局部温度。

注塑工艺
1 提高注射压力、保压压力。
2 设定合理注射速度，高速注射可使熔料来不及降温就到达汇合处。
3 降低合模力，以利排气。
4 设定合理的料筒和喷嘴的温度。温度高，塑料的黏度小，流动通畅，熔接线变浅；温度低，可减少气态物质的分解。
5 提高螺杆转速，使塑料黏度下降；增加背压压力，使塑料密度提高。

经验分享 多数情况下，产品有多个浇口或者有碰穿孔才会有熔接线，产品没有以上结构时，一个浇口也会产生熔接线，主要出现在厚壁产品中。目前自动剪切浇口技术可以应用到有碰穿孔的产品上，使产品没有熔接痕。

第25章

飞边

25.1 缺陷定义

飞边（批锋）是指塑料产品在分型面出现多余的塑料的现象。多出现在模具的合模处、顶针处、滑块处等活动部件位置。

这种多余的塑料影响产品的外观或功能，有些飞边甚至会导致装配不良，影响产品功能。需要根据产品设计确定缺陷的类型。一般要求较高的产品，飞边不能超过0.05mm；要求不高的产品，飞边不能超过0.1mm。可根据产品的实际使用情况，建立验收标准。

25.2 缺陷图片

图25-1～图25-8是飞边的缺陷图片。

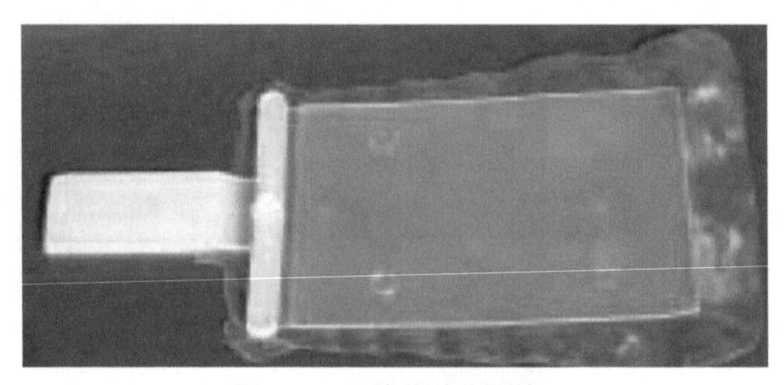

图25-1　飞边的缺陷图片1

图25-2　飞边的缺陷图片2

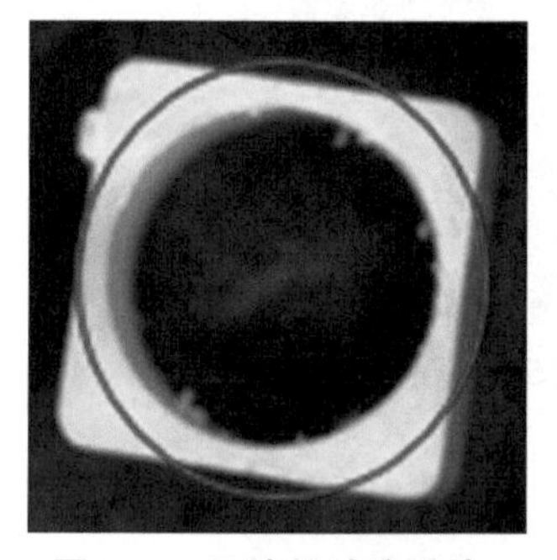

图25-3　飞边的缺陷图片3

图25-4　飞边的缺陷图片4

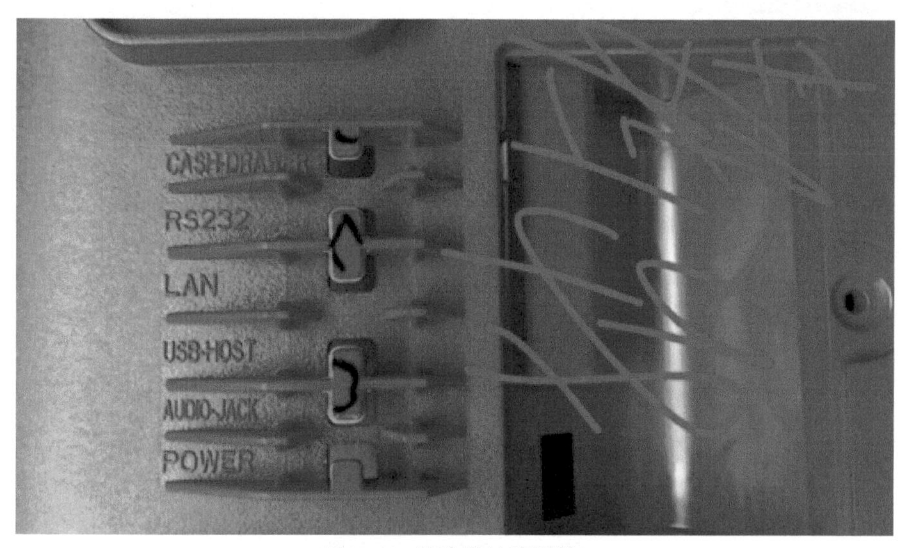

图25-5　飞边的缺陷图片5

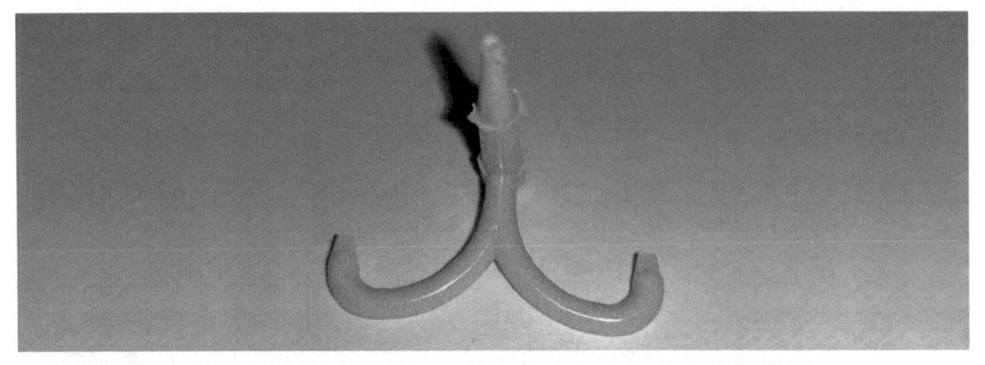

图25-6　飞边的缺陷图片6

图25-7　飞边的缺陷图片7

图25-8　飞边的缺陷图片8

25.3 原因分析思路

利用人、机、料、法、环方法进行分析，将影响产品的所有因素进行分类汇总，再根据产品开发的流程，对产品开发到确认的过程逐步进行分析。图25-9所示为飞边的原因分析。

图25-9　飞边的原因分析

根据图25-9中的影响因素，针对飞边问题，按图25-10所示流程进行分析。

材料因素
- 材料流动性是否太好
- 材料颗粒是否大小不一

模具因素
- 模板是否变形
- 模具浇口位置是否合理，受力是否平衡
- 模具是否有碰缺

注塑工艺因素
- 压力和速度设定是否恰当
- 温度和时间设定是否恰当
- 射料量是否过多

注塑机因素
- 锁模力是否足够
- 模具配件是否有磨损

图25-10　飞边的原因分析流程

影响飞边的原因是多方面的，有可能是几个因素同时影响，所以要综合考虑。多数从业人员看到产品时，就比较容易从塑料材料和模具方面做一个初步的判断。进行初步判断后，再对注塑工艺参数进行调整，就会有更明确的思路，从而找到是注塑工艺还是注塑机本身的原因。

25.4 原因分类

材　料

1 塑料流动性太好，如聚乙烯、聚丙烯，在熔融态下黏度很低，容易进入活动的或固定的缝隙形成飞边。

2 塑料原料粒度大小不均匀，使加料量不稳定，导致制件填充不满或飞边。

模　具

1 模具分型面精度差。活动模板变形翘曲；分型面上粘有异物或模框周边有凸出的橇印毛刺；旧模具因之前的飞边挤压而使型腔周边疲劳塌陷。

2 模具设计不合理。模具型腔的设计不对中，令注射时模具单边发生张力，引起飞边。

3 模具本身平行度不佳，装配不平行，模板不平行或拉杆受力分布不均、变形不均，这些都将造成合模不紧而产生飞边。

4 滑动型芯的配合精度不良，固定型芯与型腔安装位置偏移也会产生飞边。多型腔模具各分流道和浇口设计不合理，也将造成充模受力不均而产生飞边。

5 浇口数量太少。

注塑工艺 1 注射压力过高或注射速度过快。由于高压高速，对模具的张开力增大导致溢料。

2 加料量过大造成飞边。

3 料筒、喷嘴温度太高或模具温度太高都会使塑料黏度下降，流动性增大，在流畅进模的情况下造成飞边。

4 保压时间过长。

注 塑 机 1 注塑机的锁模力不足。

2 合模装置调节不佳，肘杆机构没有伸直，产生左、右或上、下合模不均衡，模具平行度不佳造成模具单侧一边被合紧而另一边不密贴的情况，注射时将出现飞边。

3 止逆环磨损严重，弹簧喷嘴的弹簧失效，料筒或螺杆的磨损过大，入料口冷却系统失效，材料造成“架桥”现象，注料量不足，缓冲垫过小等都可能造成飞边反复出现。

25.5 解决方案

材　　料 1 更换材料或添加助剂降低流动性。 2 使用颗粒均匀的材料。

模　　具 1 提高加工精度和加厚模板。 2 调整产品排位。

3、4 提高加工精度。 5 增加浇口数量或改变位置。

注塑工艺 1 降低压力和速度。 2 减少料量。

3 降低温度。 4 减少保压时间。

注 塑 机 1 更换大规格注塑机。

2 检测合模机构，必要时进行更换。 3 更换注塑配件。

粘模

缺陷定义

粘模是指产品表面受损或筋位拉断。

粘模在多数情况下都会造成产品结构的缺失或者变形，轻则影响产品外观，重则影响产品装配。根据粘模的具体部位方可判断是否为严重缺陷。客户基本上不接受粘模的产品，所以必须要改善这种缺陷。

缺陷图片

图26-1～图26-4是粘模的缺陷图片。

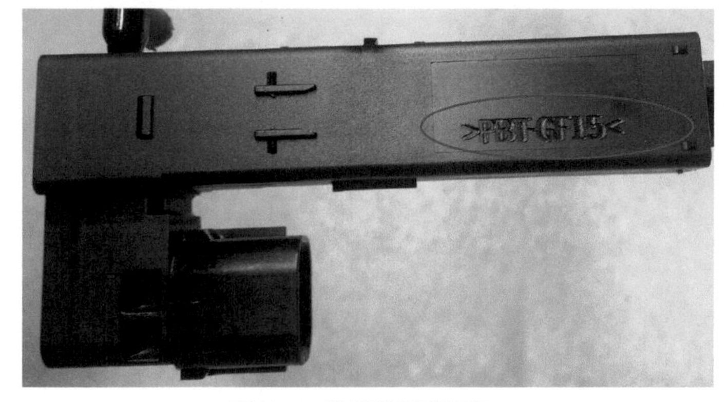

图26-1　粘模的缺陷图片1

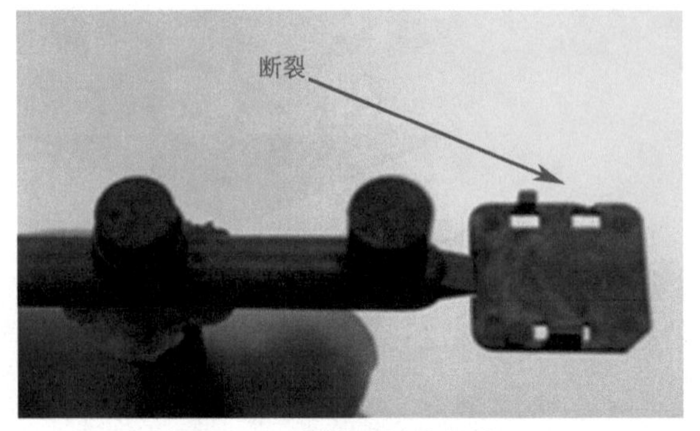

图26-2　粘模的缺陷图片2

图26-3　粘模的缺陷图片3

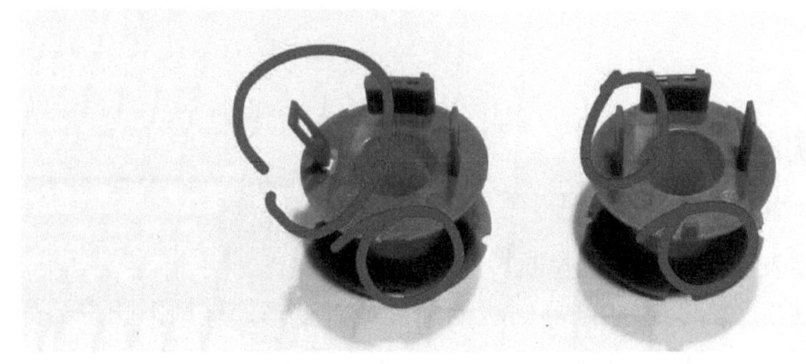

图26-4　粘模的缺陷图片4

26.3 原因分析思路

利用人、机、料、法、环的方法进行分析，将影响产品的所有因素进行分类汇总，再根据产品开发的流程逐步进行分析。图26-5所示为粘模的原因分析。

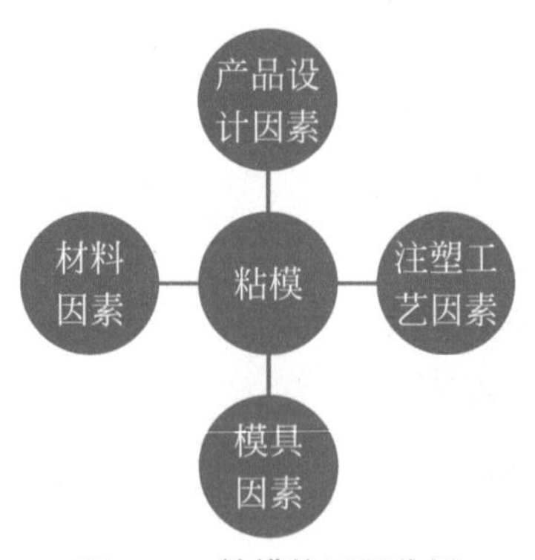

图26-5　粘模的原因分析

根据图26-5中的影响因素，针对粘模问题，按图26-6所示流程进行分析。

产品设计因素
- 脱模斜度是否足够
- 壁厚强度如何

材料因素
- 材料强度如何

模具因素
- 模具光洁度如何
- 顶针是否足够，受力不平衡
- 模具加工是否有倒扣

注塑工艺因素
- 压力和速度设定是否恰当
- 温度和时间设定是否恰当
- 射料量是否过多

图26-6　粘模的原因分析流程

对于塑料材料和模具方面的原因，多数从业人员看到产品时就能够比较容易做一个初步的判断。进行了初步判断后，再对注塑工艺参数进行调整，就会有更明确的思路，从而找到注塑工艺具体的原因。

26.4 原因分类

产品设计
1 脱模斜度不够。
2 产品壁厚强度不足。

材　料　塑料材料强度不够，易裂；材料未添加润滑剂。

模　具
1 前、后模压变形或有锐角，在脱模时刮伤产品，导致脱模不顺，粘模。
2 前模，后模抛光不够造成粘模。
3 模具脱模斜度不够。
4 顶针数量不够。
5 顶出产品时，由于产品内部形成了真空，导致顶出困难而粘模。
6 模具加工错误，有倒扣。

注塑工艺
1 成型压力太大（打得太饱），粘模力增大。
2 冷却时间不足，成型周期太短，产品未完全冷却，无法承受顶出力。

3 模具温度异常，产品冷却不均匀，导致产品顶出时受力不均匀。
4 保压时间太久，粘模力增大。
5 注射速度太快，粘模力增大。

26.5 解决方案

产品设计 1 增加脱模斜度。 2 加筋或加壁厚。

材　　料 更换强度好的材料或添加润滑剂。

模　　具 1 检修模具。 2 抛光模具。
3 加大脱模斜度。 4 增加顶针。
5 增加吹气或模具表面留抛光纹，便于排气。
6 修理掉倒扣。

注塑工艺 1 降低注射压力，减少注射量。 2 加强冷却，延长成型周期。
3 调整模温。 4 减少保压时间。
5 降低注射速度。

26.6 案例分析

26.6.1 产品介绍

图26-7所示为产品加强筋粘模的案例。

产品是汽车配件外壳类产品，外形尺寸为8mm×7mm×2.5mm，产品壁厚为

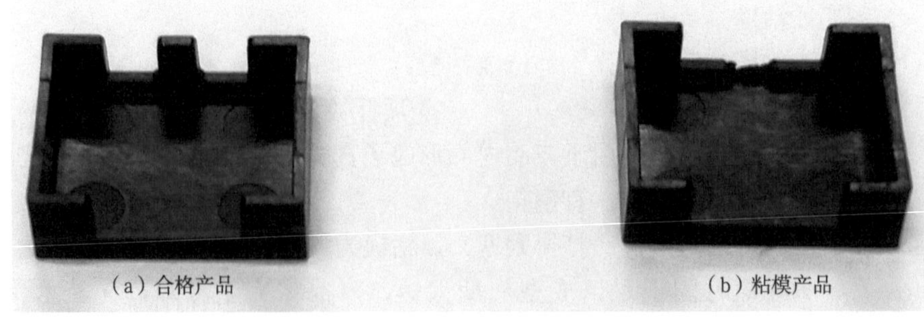

（a）合格产品　　（b）粘模产品

图26-7 产品骨位粘模的案例

0.4mm。产品材料为PPA+30%GF。模具为1×4（一套模具出四个样品），潜伏式浇口。

成型条件如下。

材料温度 290～320℃。

模具温度 60℃。

注射压力 1200kgf/cm^2。

注射速度 一段120mm/s，二段80mm/s。

注射时间 1s。

冷却时间 5s。

26.6.2 产品问题

图26-7（b）所示产品中单独的加强筋已经粘模断裂，属于严重外观缺陷。

26.6.3 原因及对策

（1）原因分析

产品设计 从产品的图纸和样品来看，粘断掉的加强筋没有脱模斜度或脱模斜度很小；产品加强筋的壁厚只有0.4mm，较薄。

材　　料 产品使用PPA材料，还添加大量的玻璃纤维，导致产品的韧性差，脆性增强。

模　　具 模具表面抛光不够，造成脱模困难。

注塑工艺 注射压力大，增加了脱模难度。

（2）方案对策

产品设计 增大脱模斜度；尽量加厚加强筋尺寸。

材　　料 材料有一定的影响因素，但是由于产品的特殊性，需要满足性能要求，必须客户指定的材料。

模　　具 抛光模具表面，脱模方面的抛光纹一定要与脱模方向一致。

注塑工艺 减小注射压力，以降低粘模力。

第27章 有未熔塑料颗粒

27.1 缺陷定义

有未熔塑料颗粒是指塑料产品表面出现颗粒状的麻点。

产品表面有未熔塑料颗粒一般是由于后工序造成的，属于可改善的问题，所以客户不能接受这类型的缺陷，一定要改善。

27.2 缺陷图片

图27-1所示为有未熔塑料颗粒的缺陷图片。

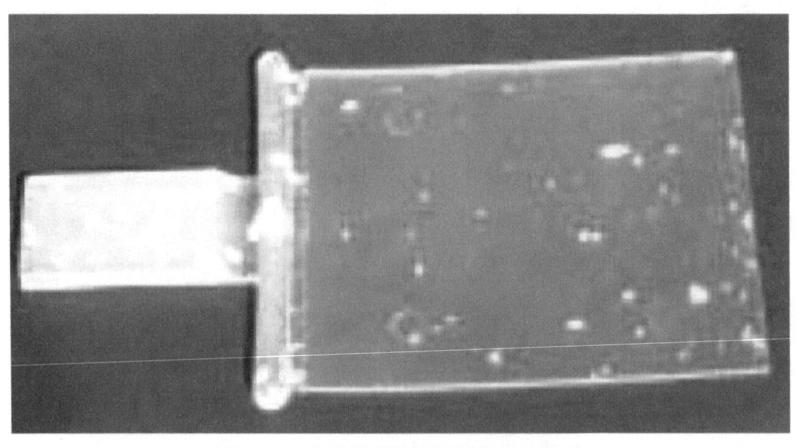

图27-1　有未熔塑料颗粒的缺陷图片

27.3 原因分析思路

这种缺陷几乎与产品设计和模具因素没有关系。主要的影响因素为材料、注塑工艺和注塑机。图27-2所示为有未熔塑料颗粒的原因分析。

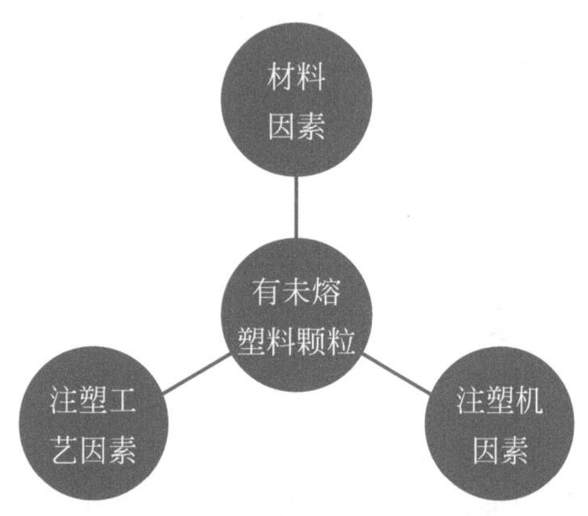

图27-2　有未熔塑料颗粒的原因分析

根据图27-2中的影响因素，针对有未熔塑料颗粒问题，按图27-3所示流程进行分析。

图27-3　有未熔塑料颗粒的原因分析流程

对于塑料材料方面的原因，多数从业人员看到产品时就能够比较容易做出初步的判断。进行初步判断后，再对注塑工艺参数进行调整，就会有更明确的思路，从而找到是注塑工艺还是注塑机本身的原因。

27.4 原因分类

材　料 塑料材料内混有其他难熔材料。

注塑工艺 1 成型时间短，塑化不充分就已进行下一模产品的注射。

2 熔融温度低，塑料熔融不充分。

注 塑 机 1 注塑机塑化能力低。

2 塑化螺杆选择不当。

27.5 解决方案

材　料 更换材料并保持环境的清洁。

注塑工艺 1 延长注塑周期，提高塑料塑化效果。

2 提高熔融温度（提高料筒温度、提高塑化转速、提高背压）。

注 塑 机 1 更换模具到较大注射容量的注塑机台上进行生产。

2 使用有适当混炼/塑化设计的螺杆。

第28章 尺寸不良

28.1 缺陷定义

尺寸不良是指产品所标注的尺寸与实际测量值不符，局部结构不符合客户标注要求。

客户重点标注的尺寸不良，属于严重缺陷，必须要进行改善直到尺寸没有问题为止。如果属于非重要尺寸，可以与客户协商适当放宽公差，修改图纸，以满足要求。

28.2 缺陷图片

图28-1所示为尺寸不良的缺陷图片。

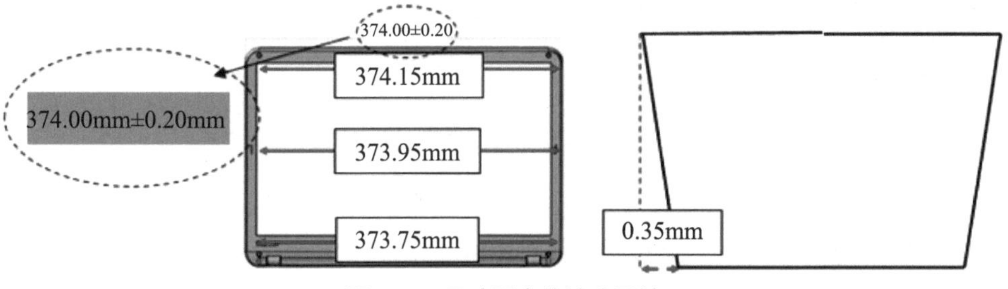

图28-1　尺寸不良的缺陷图片

28.3 原因分析思路

利用人、机、料、法、环的方法进行分析，将影响产品的所有因素进行分类汇总，再根据产品开发的流程逐步进行分析。图28-2所示为尺寸不良的原因分析。

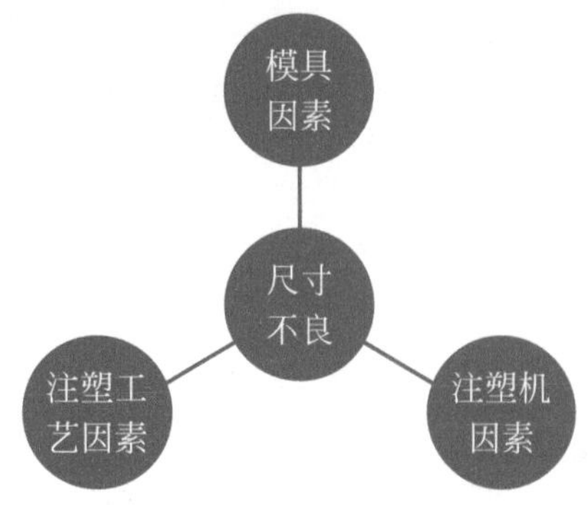

图28-2　尺寸不良的原因分析

根据图28-2中的影响因素，针对尺寸不良问题，按图28-3所示流程进行分析。

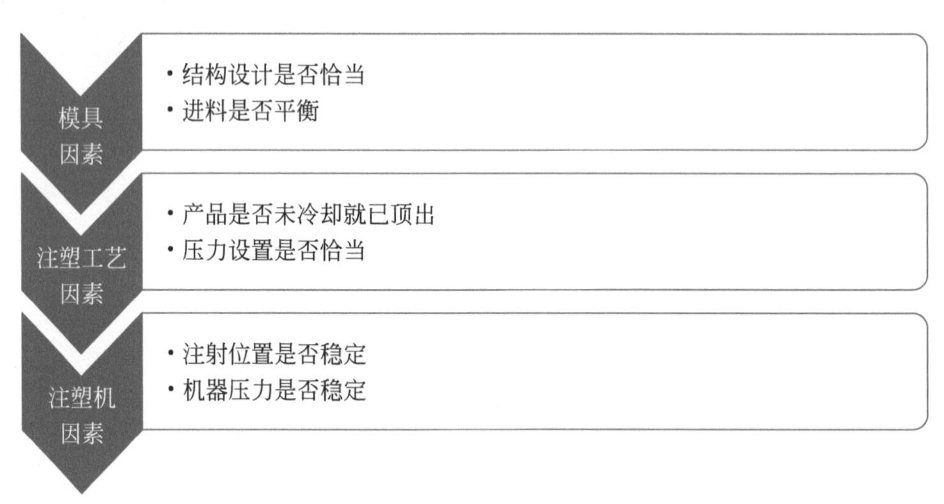

图28-3　尺寸不良的原因分析流程

尺寸不良需要反向思考，通过调整注射压力的大小，确认产品尺寸是否存在变化。如果变化过程中，能够满足客户图纸要求，问题就已解决。如果变化不能满足客户图纸要求，就需要从注塑机的稳定性方面进行分析确认。注意：不管能否解决，一定要测量对应模具的尺寸，以确保模具的正确性。

28.4 原因分类

模　　具

1 模具结构设计不当，未考虑变形量。

2 模具尺寸未做到位。

3 产品进料不平衡，造成同一个面的测量数据差异较大。

注塑工艺

1 成型周期太短，产品未冷却，出模后，产品再次收缩造成尺寸偏小。

2 成型参数设定不当，无法满足客户图纸尺寸的要求。

注 塑 机

1 料筒与螺杆磨损，注射终点不稳定。

2 机器压力不稳定。

28.5 解决方案

模　　具

1 提前考虑产品问题，对模具进行优化。

2 测量模具实际尺寸并做到位。

3 修改模具，达到平衡。

注塑工艺

1 延长成型周期。

2 修改成型参数。

注 塑 机

1 检修螺杆过料环或更换料管组合。

2 检修机器压力系统或更换油封。

第29章 PIN角孔堵塞

29.1 缺陷定义

PIN角孔堵塞是指客户设计用来插PIN的细小孔位堵住了。

出现这种缺陷的产品与客户设定的图纸不符，无法实现设定的功能性要求，属于严重缺陷，不可接受。这类型的缺陷产品直接报废。

29.2 缺陷图片

图29-1～图29-4所示为PIN角孔堵塞的缺陷图片。

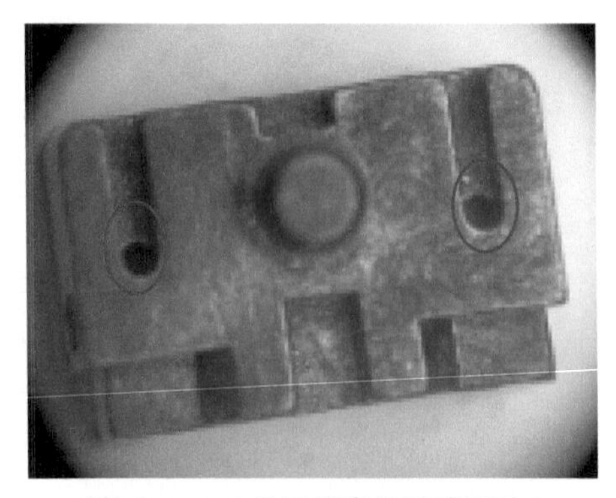

图29-1　PIN角孔堵塞的缺陷图片1

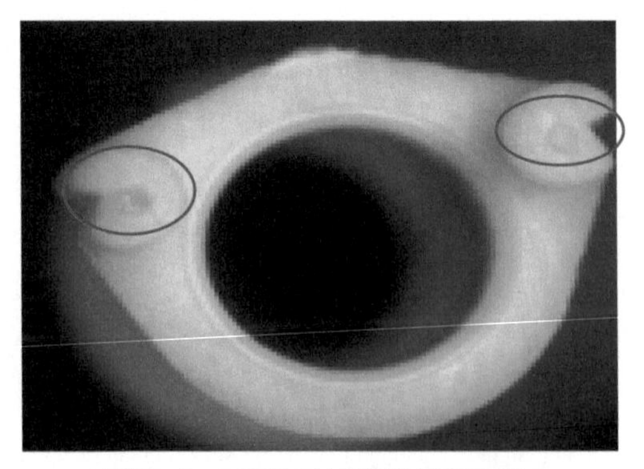

图29-2　PIN角孔堵塞的缺陷图片2

图29-3　PIN角孔堵塞的缺陷图片3

图29-4　PIN角孔堵塞的缺陷图片4

29.3 原因分析思路

利用人、机、料、法、环的方法进行分析，将影响产品的所有因素进行分类汇总，再根据产品开发的流程进行分析。图29-5所示为PIN角孔堵塞的原因分析。

图29-5　PIN角孔堵塞的原因分析

根据图29-5中的影响因素，针对PIN角孔堵塞这个问题，按图29-6所示流程进行分析。

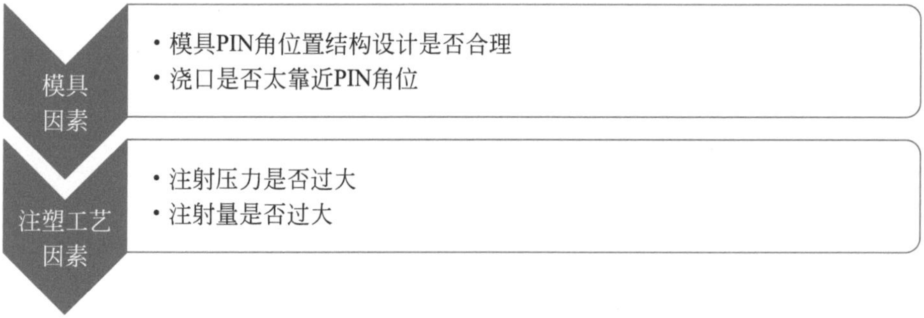

模具因素
- 模具PIN角位置结构设计是否合理
- 浇口是否太靠近PIN角位

注塑工艺因素
- 注射压力是否过大
- 注射量是否过大

图29-6　PIN角孔堵塞的原因分析流程

其实PIN角断与产品设计的PIN孔尺寸过小也有关系，但是前期开发过程中，多数PIN的外形规格基本已固定，很难实现更改。先从模具方面进行一个初步的判断，再对注塑工艺参数进行调整，就会有更明确的思路，从而找到注塑工艺和具体原因。

29.4 原因分类

模　具
1 模具PIN角结构不合理，产生了应力集中或强度不够。
2 浇口太靠近PIN角，造成注射压力冲弯PIN角。

注塑工艺
1 注射压力过大，直接把PIN冲弯。
2 注射量大，挤压PIN角。

29.5 解决方案

模　具
1 调整PIN部位的结构设计。
2 调整浇口位置或加大浇口。

注塑工艺
1 PIN角无法承受成型的注射压力，降低注射压力。
2 减少注射量。

第30章 色差

30.1 缺陷定义

色差是指着色过程中，因色母粒结块而造成混合不均匀，通常发生在塑料黏度较高、流动性较差时。

色差主要体现在产品的外观方面，对于高质量的产品，基本上是不允许产生色差的。而普通类型产品允许有轻微的色差，属于轻微缺陷。对色差要求高的客户，一般会使用色差仪进行检验，规范色差值。

30.2 缺陷图片

图30-1～图30-4所示为色差的缺陷图片。

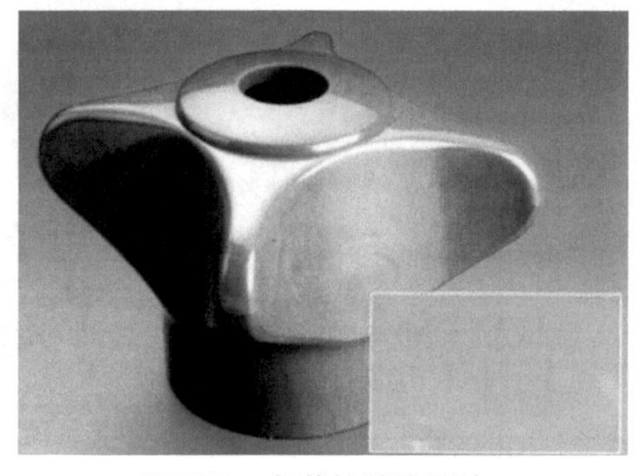

图30-1　色差的缺陷图片1

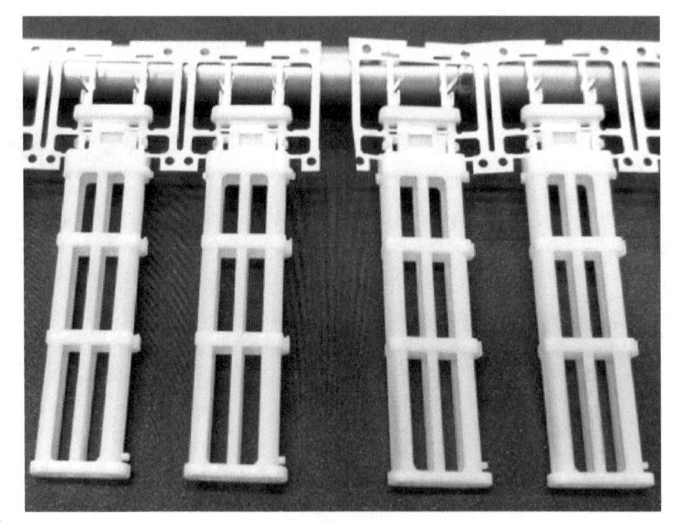

图30-2　色差的缺陷图片2

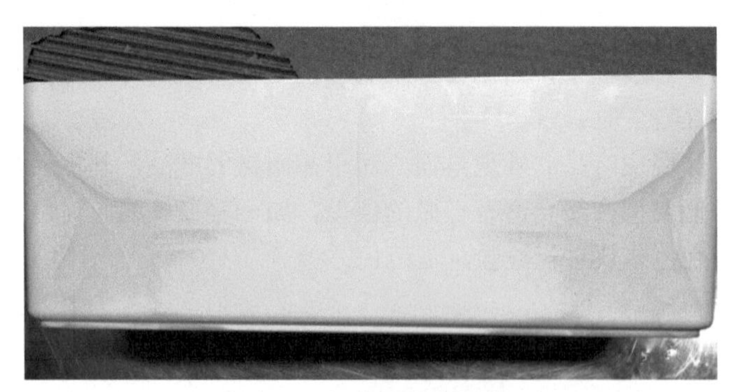

图30-3　色差的缺陷图片3

图30-4　色差的缺陷图片4

30.3 原因分析思路

利用人、机、料、法、环的方法进行分析，将影响产品的所有因素进行分类汇总，再根据产品开发的流程逐步进行分析。图30-5所示为色差的原因分析。

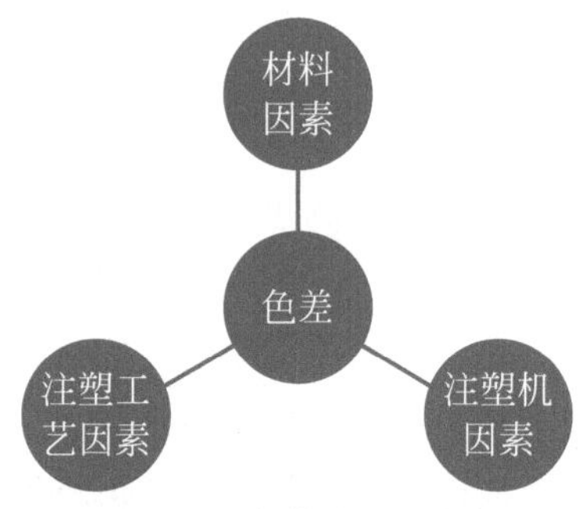

图30-5　色差的原因分析

根据图30-5中的影响因素，针对色差这个问题，按图30-6所示流程进行分析。

材料因素	• 着色剂选择是否恰当 • 材料与着色剂是否相容
注塑工艺因素	• 成型过程中是否受高压剪切
注塑机因素	• 螺杆混色性如何

图30-6　色差的原因分析流程

30.4 原因分类

材　　料

1 着色的工序不合理，造成混色效果差。

2 大颗粒的色母粒无法充分熔化与塑料材料混合。

3 材料和色母粒的密度差异大及分子链组成不同，造成相容性差，达不到想要的颜色效果。

注塑工艺 塑料成型过程中，承受高剪切力和高温，使得塑料降解。

注塑机 螺杆混色性差，无法保证颜色均匀一致。

30.5 解决方案

材料 1 使用抽粒料（回料）、色浆。

2 使用细小的色母粒颗粒。

3 更换色母粒。为了保证色母粒的稳定性，尽量用无机色母粒。

注塑工艺 调整注射压力和注射速度；提高背压。

注塑机 增加螺杆的长径比；使用剪切混合性好的螺杆。

第31章 刮伤

31.1 缺陷定义

刮伤是指产品表面或是边角上被异物所伤。刮伤主要是产品在转移或取出过程中的人为因素造成的。

刮伤主要体现在产品的外观方面，对于高质量的产品，基本上是不允许有刮伤的。而普通类型产品允许有轻微的刮伤，属于轻微缺陷。多数客户对刮伤的长度、刮伤的数量有规范要求。

31.2 缺陷图片

图31-1～图31-3所示为刮伤的缺陷图片。

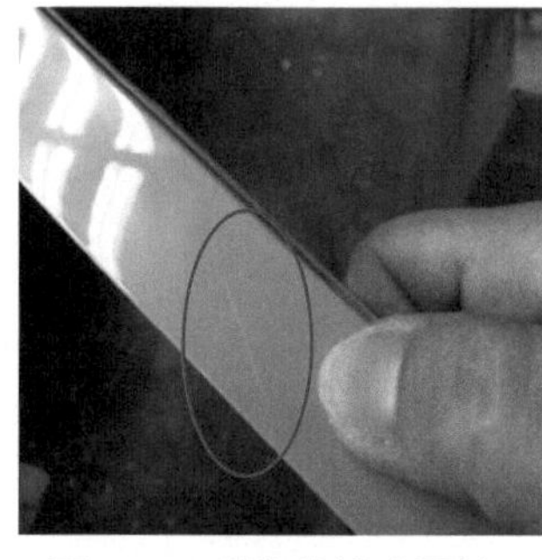

图31-1　刮伤的缺陷图片1

图31-2　刮伤的缺陷图片2

图31-3　刮伤的缺陷图片3

31.3 原因分析思路

首先要确认刮伤是否出现在固定的位置或存在周期性，然后再判断操作环节是否出现了问题（详见31.4节）。如果是固定的位置和长度的话，应该是机器运转过程中，碰到某处了。

31.4 原因分类

1 作业员在加工中碰伤产品。2 包装过程刮伤产品。3 运输过程刮（碰）伤产品。4 产品从模具中取出时，碰到模具滑块或拉杆，这种情况下的刮伤会有固定的位置和长度。

31.5 解决方案

1 督导作业员在工艺过程中做到轻拿、轻放，工作台保持清洁，把不必要的物品或工具清除掉，桌面边角做好防护措施。2 改善对产品包装保护设计。3 跟进模具生产状况，及时调整取出位置或角度。

水波纹

32.1 缺陷定义

水波纹是指塑料流动的痕迹，以浇口为中心呈现出水波纹模样。

水波纹一般出现在浇口附近，属于轻微缺陷，高光模具最明显。在无法完全改善的情况下，需要与客户进行商量，并制作限度样品进行管控生产。

32.2 缺陷图片

图32-1～图32-3所示为水波纹的缺陷图片。

图32-1　水波纹的缺陷图片1

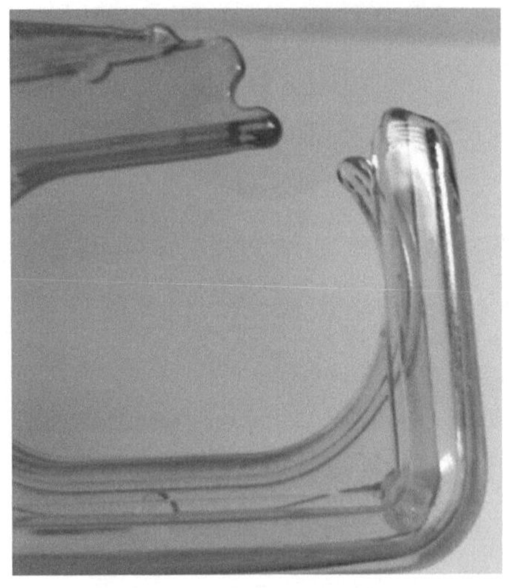

图32-2　水波纹的缺陷图片2

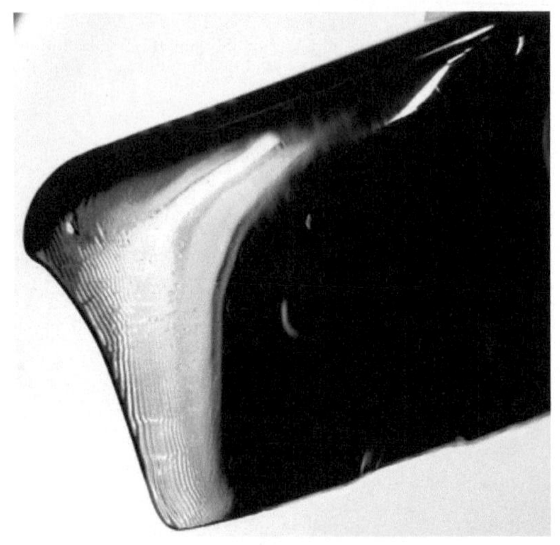

图32-3　水波纹的缺陷图片3

32.3 原因分析思路

利用人、机、料、法、环的方法进行分析，将影响产品的所有因素进行分类汇总，再根据产品开发的流程逐步进行分析。图32-4所示为水波纹的原因分析。

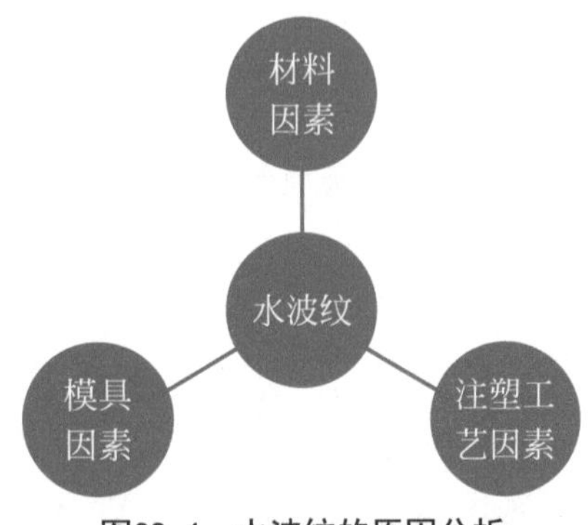

图32-4　水波纹的原因分析

根据图32-4中的影响因素，针对水波纹问题，按图32-5所示流程进行分析。

出现水波纹时先查看材料的物性表，从材料和模具方面做一个初步的判断，再对注塑工艺参数进行调整，就会有更明确的思路，从而找到具体原因所在。

材料因素
- 材料流动性如何

模具因素
- 浇口是否过小

注塑工艺因素
- 模具温度是否过低
- 注射速度是否过慢
- 保压是否充足

图32-5　水波纹的原因分析流程

32.4 原因分类

材　料 材料流动性太差。

模　具 浇口过小，导致注射速度慢。

注塑工艺
1 材料塑化不良。
2 模具温度偏低。
3 注射速度太慢。
4 保压压力太小或保压时间不足。

32.5 解决方案

材　料 添加助剂改善流动性或更换流动性好的塑料材料。

模　具 加大浇口。

注塑工艺
1 升高料温或提高螺杆转速。
2 提高模具温度。
3 加快注射速度（压力）。
4 增加保压压力或保压时间。

第33章 金属镶件压伤

33.1 缺陷定义

金属镶件压伤是指产品设计有附带金属镶件，在注射成型过程中，会把金属镶件压出铁屑来或有明显的压痕及金属异物脱落。

金属镶件压伤要根据压伤的程度和压伤的部位进行分析确认，多数情况下属于轻微缺陷，根据产品结构做具体的判断。可与客户商量确认是否限度接受。但精密度高的产品是不可接受压伤的。

33.2 缺陷图片

图33-1～图33-3所示为金属镶件压伤的缺陷图片。

图33-1　金属镶件压伤的缺陷图片1

图33-2　金属镶件压伤的缺陷图片2

图33-3　金属镶件压伤的缺陷图片3

33.3 原因分析思路

利用人、机、料、法、环的方法进行分析，将影响产品的所有因素进行分类汇总，再根据产品开发的流程逐步进行分析。图33-4所示为金属镶件压伤的原因分析。

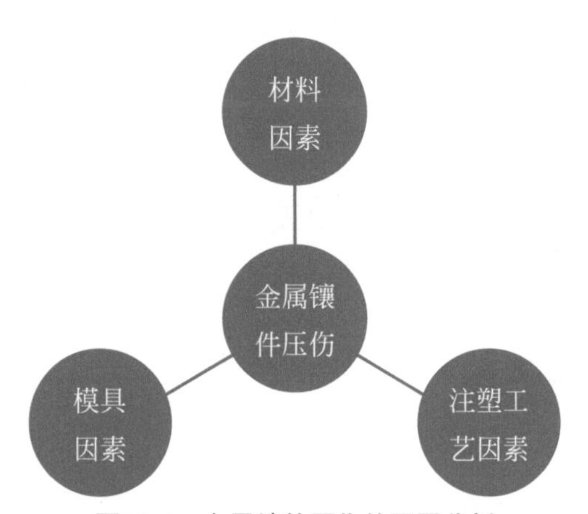

图33-4　金属镶件压伤的原因分析

根据图33-4中的影响因素，针对金属镶件压伤这个问题，按图33-5所示流程进行分析。

对于塑料材料和模具方面的原因，多数的从业人员看到产品时就能够比较容易做出初步的判断。进行了初步判断后，再对注塑工艺参数进行调整，就会有更明确的思路，从而找到的具体原因。

材料因素
- 金属镶件来料时是否达到设计尺寸规格

模具因素
- 模具是否与金属镶件压伤配合部位不良
- 金属镶件压伤在顶出时是否出现不平衡

注塑工艺因素
- 是否考虑金属镶件压伤的温度差异影响
- 是否注射压力大，使产品粘模

图33-5 金属镶件压伤的原因分析流程

原因分类

材料
1 金属镶件来料时已变形，无法放入模具配合位置。
2 金属镶件来料时未达到设计尺寸规格。

模具
1 模具与金属镶件配合的部位不良或模具加工精度不够。
2 设计模具顶出机构时未考虑金属镶件顶出的平衡性。

注塑工艺
1 温度使金属镶件产生热膨胀，造成位置变化。
2 注射压力大，使金属镶件发生变形，导致整个产品粘模。

解决方案

材料
1 加强来料管控。
2 按产品图档进行检测。

模具
1 提高模具加工精度及与金属镶件的配合松紧度。
2 金属镶件部位需要增加顶针。

注塑工艺
1 尽量保持模具恒温，以防金属镶件尺寸受温度的影响。
2 减少注射压力，防止粘模。

第34章 浇口残留

34.1 缺陷定义

浇口残留是指浇口残料留在产品表面上的一种现象。

点浇口或潜伏式浇口在开模时会自动断开，但如果浇口的形状和大小不合适，则不能彻底断开。不管是自动断开的浇口还是人工修剪的浇口都不能保证完全没有残留。

34.2 缺陷图片

图34-1～图34-4所示为浇口残留的缺陷图片。

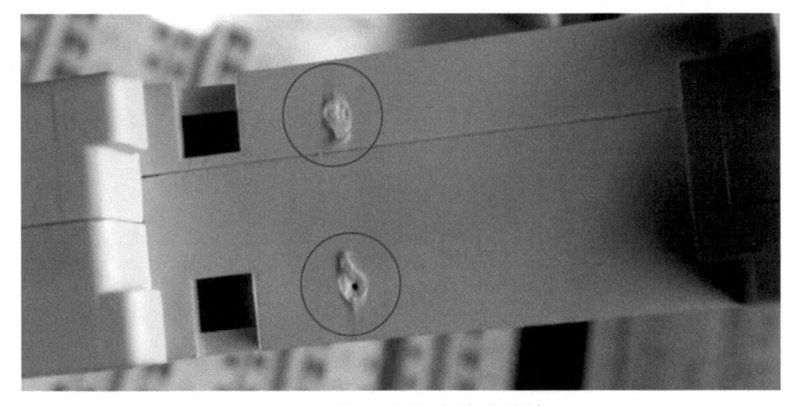

图34-1　浇口残留的缺陷图片1

图34-2　浇口残留的缺陷图片2

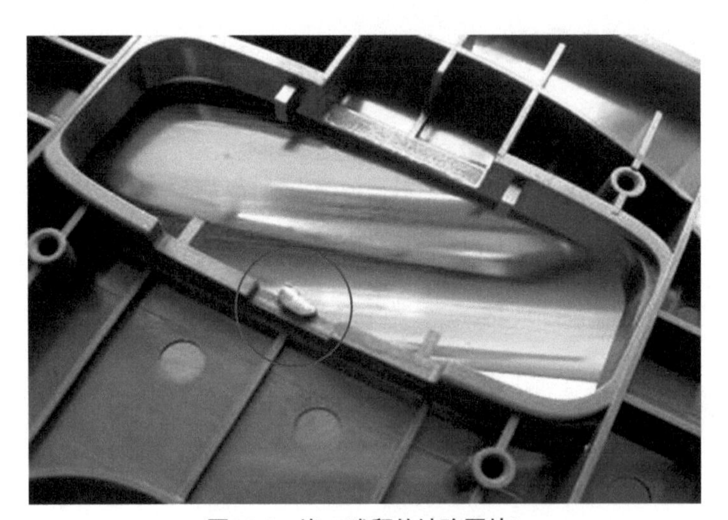

图34-3　浇口残留的缺陷图片3

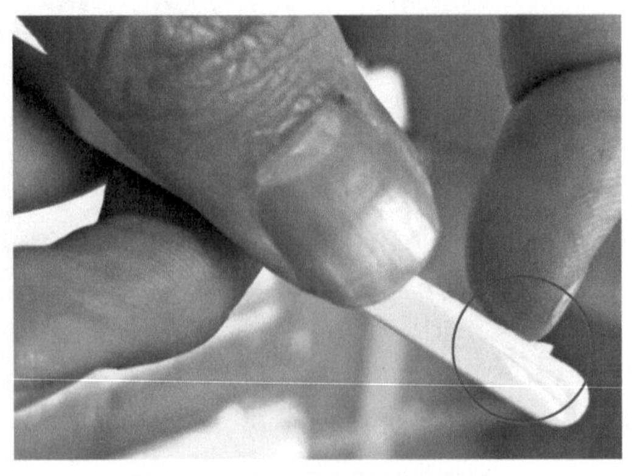

图34-4　浇口残留的缺陷图片4

34.3 原因分析思路

利用人、机、料、法、环的方法进行分析，将影响产品的所有因素进行分类汇总，再根据产品开发的流程，从产品开发到产品确认的过程逐步进行分析。图34-5所示为浇口残留的原因分析。

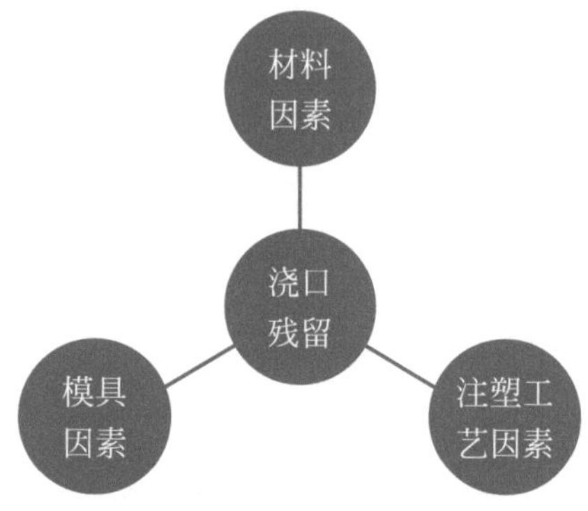

图34-5 浇口残留的原因分析

根据图34-5中的影响因素，针对浇口残留问题，按图34-6所示流程进行分析。

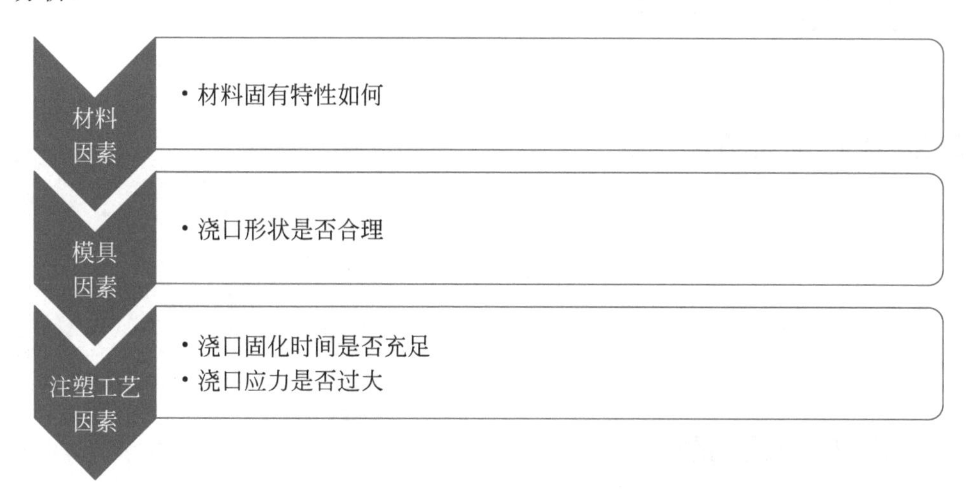

图34-6 浇口残留的原因分析流程

出现浇口残留问题，首先从注塑工艺方面去分析，把冷却时间延长或缩短以判断工艺是否合理。如果浇口位置有明显的变形，则浇口尺寸偏大，造成受力而拉高或穿孔。最后再根据材料的物性表进行材料分析。

34.4 原因分类

材　料 塑料原料本身就易拉丝或难脱出，比如耐冲击性等级或合金等级的材料。

模　具 浇口形状、大小设计不当。

注塑工艺 浇口固化不足。浇口附近残余应力较大。

34.5 解决方案

材　料 更换材料或添加助剂改变材料性能。

模　具 更改浇口方式、形状。

注塑工艺 留足冷却时间，减少浇口附近残余应力。

34.6 案例分析

34.6.1 产品介绍

图34-7为浇口残留拉丝的案例。

产品为大件类型，表面要求较高，采用倒装模具结构，热流道进料方式。材料为ABS。

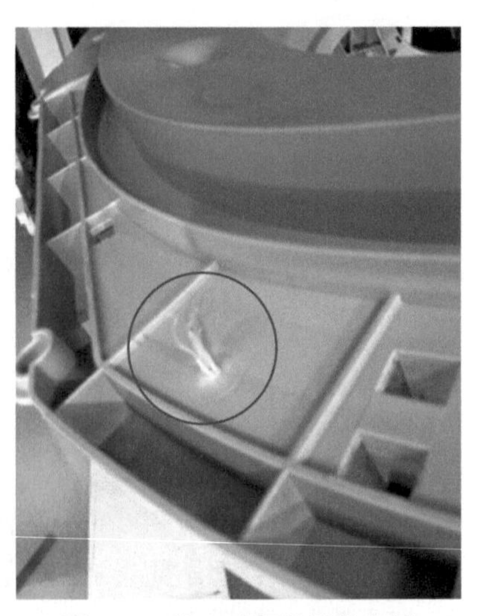

图34-7　浇口残留拉丝的案例

34.6.2 产品问题

产品的浇口位置有拉丝现象，客户不接受这种缺陷，成型后需要人工修理，浪费人力，增加制造成本。

34.6.3 原因及对策

（1）原因分析

主要原因为热流道的阀针与熔融料接触的位置温度太高，造成拉丝。

（2）方案对策

模　　具 增设热嘴头部的冷却系统，把温度降低；减少热流道阀针的封料直径，相当于减少了热量的传递；更换热流道的阀针（阀针的材料有影响）。

注塑工艺 延长冷却时间，降低热嘴温度和材料温度。

现实中生产时出现可能无法再增加冷却水路，但又不想延长冷却时间导致生产效率低下的情况下，减小热流道的阀针直径是最好的办法。前提条件是热流道的阀针直径减少后能够满足注射量。

第35章 产品形状有差异

35.1 缺陷定义

产品形状有差异是指注塑后的产品与产品前期开发时设计的产品结构形状存在差异。

产品形状有差异是可以解决的外观缺陷，只要是产品形状产生了差异，不管差异对功能和外观有没有影响，都需要调整成一致以后，才可以生产。

35.2 缺陷图片

图35-1、图35-2所示为产品形状有差异的缺陷图片。

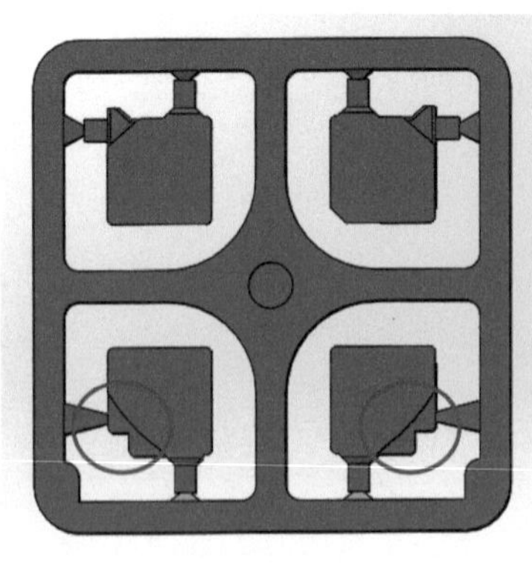

(a) 图纸形状

(b) 加工形状

图35-1　产品形状有差异的缺陷图片1

图35-2　产品形状有差异的缺陷图片2

35.3 原因分析思路

产品形状差异不需要进行特别的分析，首先从注塑工艺角度分析是不是由于粘模，把产品固有的结构粘断掉了。如果不是由于粘模，主要就是模具的原因了，如模具加工的镶件过量了或漏加工。

35.4 原因分类

模　具
1 模具加工未到数或加工过多。
2 模具有异物粘在模具内。

注塑工艺
1 成型材料的杂质粘在模具的死角位置，无法取出。
2 注射成型压力不足。

35.5 解决方案

模　具
1 检查模具，确认数据，再次加工修理。
2 清洁模具表面的异物，注意保持模具表面的清洁。

注塑工艺
1 把模具拆散，清理模具配件。
2 调整注塑工艺参数。

第36章

肿胀鼓泡

36.1 缺陷定义

肿胀鼓泡是指塑料产品在注射成型脱模后，很快就在金属嵌件的背面或在特别厚的部位出现肿胀和鼓泡。

36.2 缺陷图片

图36-1～图36-3所示为肿胀鼓泡的缺陷图片。

图36-1　肿胀鼓泡的缺陷图片1

图36-2　肿胀鼓泡的缺陷图片2

图36-3　肿胀鼓泡的缺陷图片3

36.3 原因分析思路

利用人、机、料、法、环的方法进行分析，将影响产品的所有因素进行分类汇总，再根据产品开发的流程逐步进行分析。图36-4所示为肿胀鼓泡的原因分析。

图36-4　肿胀鼓泡的原因分析

根据图36-4中的影响因素，针对肿胀鼓泡这个问题，按图36-5所示流程进行分析。

对于产品设计和模具方面的原因，多数的从业人员看到产品时就能够比较容易做出初步的判断。进行初步判断后，再对注塑工艺进行调整参数，就会有更明确的思路，从而找到注塑工艺的具体原因。

产品设计因素
- 壁厚是否差异大

模具因素
- 模具是否困气
- 浇口与流道设计是否合理

注塑工艺因素
- 注射速度是否太快
- 温度设定是否恰当

图36-5　肿胀鼓泡的原因分析流程

原因分类

产品设计　产品壁厚差异大，厚壁位置会出现起泡。

模　　具　1 模具困气，气体在产品内膨胀。

2 浇口和流道设计不合理，造成气体无法排出。

3 排气口过小或数量太少。

注塑工艺　1 注射速度太快，气体无法排出。

2 温度设定不当，塑料材料可能气化或材料未完全熔化而产生肿胀。

3 注射压力设定不当。

解决方案

产品设计　尽量保证壁厚均匀。

模　　具　1 在能开排气的位置增设排气口。

2 重新设计浇口和流道系统。

3 保证排气口足够大，使气体有足够的时间和空间排走。

注塑工艺　1 降低最后一级注射速度。

2 增加或者降低材料温度。

3 优化注射压力和保压压力。

第37章 端子变形

37.1 缺陷定义

端子变形是指注射成型后，产品的端子超出设计图纸的标准，出现严重的移位或错位。

只要端子变形，就会影响产品的最终装配和功能，属于严重缺陷。所以针对端子变形，务必改善后才可以生产。

37.2 缺陷图片

图37-1～图37-3所示为端子变形的缺陷图片。

图37-1　端子变形的缺陷图片1

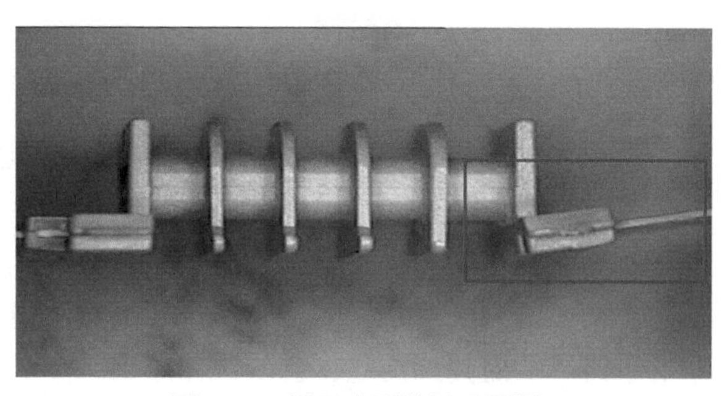

图37-2　端子变形的缺陷图片2

图37-3　端子变形的缺陷图片3

37.3 原因分析思路

利用人、机、料、法、环的方法进行分析，将影响产品的所有因素进行分类汇总，再根据产品开发的流程逐步进行分析。图37-4所示为端子变形的原因分析。

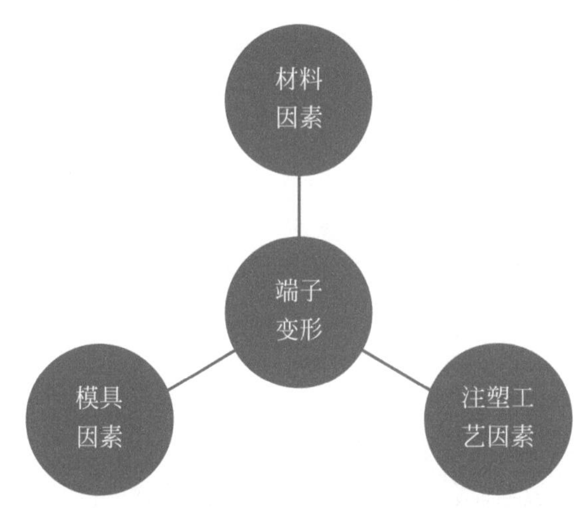

图37-4　端子变形的原因分析

根据图37-4中的影响因素，针对端子变形这个问题，按图37-5所示流程进行分析。

对于塑料材料和模具方面的原因，多数的从业人员看到产品时就能够比较容易做出初步的判断。进行初步判断后，再对注塑工艺参数进行调整，就会有更明确的思路，从而找到注塑工艺的具体原因。

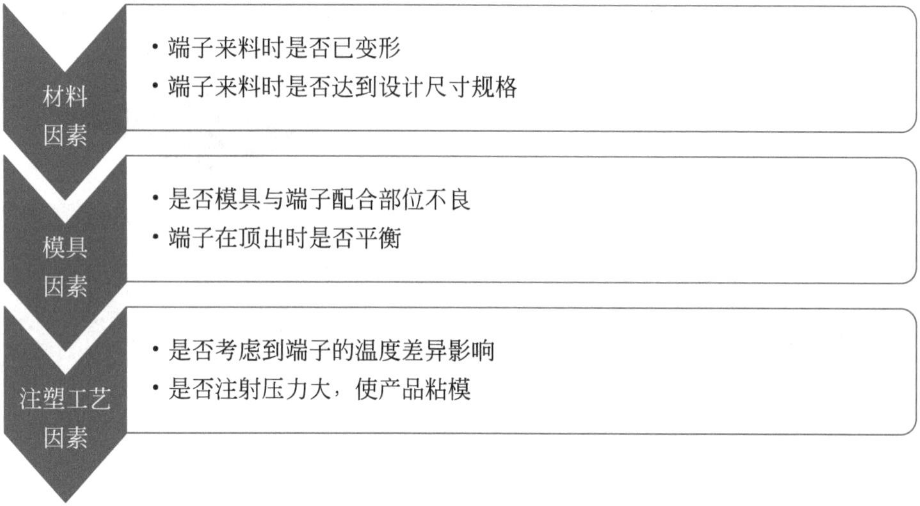

材料因素
- 端子来料时是否已变形
- 端子来料时是否达到设计尺寸规格

模具因素
- 是否模具与端子配合部位不良
- 端子在顶出时是否平衡

注塑工艺因素
- 是否考虑到端子的温度差异影响
- 是否注射压力大，使产品粘模

图37-5　端子变形的原因分析流程

37.4 原因分类

材　料

1 端子来料时未包装好，已变形。

2 端子来料时与设计尺寸不符。

模　具

1 模具与端子配合的部位不良或模具加工精度不够。

2 模具顶出机构未考虑端子顶出时的平衡性。

注塑工艺

1 温度差异使端子产生热膨胀，造成精度差异，无法放到模具内。

2 注射压力大，端子受冲击变形，使整个产品粘模。

37.5 解决方案

材　料

1 加强来料管控。

2 按产品图档进行检测，重点确认。

模　具

1 提高模具加工精度及与端子的配合松紧度。

2 端子部位需要增加顶针。

注塑工艺

1 尽量保持恒温，以防端子尺寸受温度变化的影响。

2 减少注射压力，防止粘模。

第38章 顶针位置不平

38.1 缺陷定义

顶针位置不平是指成型后，产品的顶出位置有或高或低的顶出痕迹，从而影响产品外观或装配功能。

根据产品具体装配要求才能确定对产品功能是否有影响，所以这种缺陷需要与客户确认，才可定义是否为严重缺陷。

38.2 缺陷图片

图38-1、图38-2所示为顶针位置不平的缺陷图片。

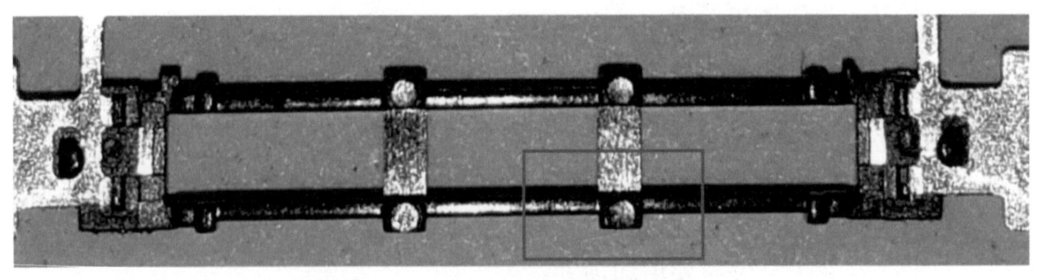

图38-1　顶针位置不平的缺陷图片1

图38-2　顶针位置不平的缺陷图片2

38.3 原因分析思路

利用人、机、料、法、环的方法进行分析，将影响产品的所有因素进行分类汇总，再逐步进行分析。图38-3所示为顶针位置不平的缺陷图片。

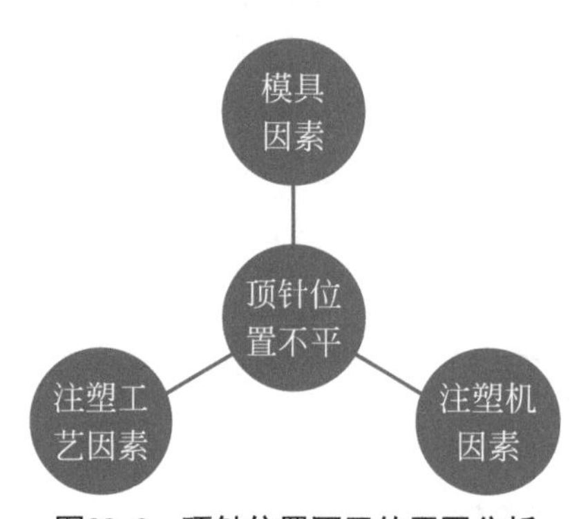

图38-3　顶针位置不平的原因分析

根据图38-3中的影响因素，针对顶针位置不平这个问题，按图38-4所示流程进行分析。

出现顶出位置不平的情况，首先看模具的顶针本身是否就不平，再把顶针顶出来，确认顶针是否有虚位或松动。以上问题不存在的话，改变注塑工艺的顶出力和速度确认是否有改善。都没有改善的情况下，再确认注塑机模板的平面度。

模具因素
- 是否回位弹簧力太大，顶针板变形
- 顶针装配是否松动

注塑工艺因素
- 顶出力是否过大
- 顶出是否平衡

注塑机因素
- 模板是否不平

图38-4　顶针位置不平的原因分析流程

38.4 原因分类

模　　具 1 顶针本身装配后存在虚位或松动。

2 顶针的高度高出或低于模具型腔面。

3 回位弹簧力太大，造成顶针板变形，所有顶针不能同时顶出产品。

注塑工艺 1 顶出压力设定过大，已经把顶针板顶变形。

2 顶出的顶棍孔数量不够，造成顶针板变形，顶出不平衡。

注 塑 机 注塑机的模板已经变形，水平度有偏差，造成天侧或地侧顶出差异。

38.5 解决方案

模　　具 1 提高模具加工精度，保证顶针固定。

2 提高模具加工精度，确保顶针高度的一致性。

3 使用较小弹簧力，选用加厚、加硬的顶针板，防止产品变形。

注塑工艺 1 在确保能顶出产品时，使用较小的顶出力，并把顶出速度放慢一些。

2 增加顶棍孔，确保顶出的平衡性。

注 塑 机 更换注塑机或修理模板，保证水平。

第39章 产品内孔偏心

39.1 缺陷定义

产品内孔偏心是指成型后，产品的内孔与设计的壁厚会产生差异，出现一边薄一边厚的现象。

轻微的内孔偏心会产生熔接线或走料困难，严重时会造成产品填充不足或者影响产品装配。在能满足客户的功能性要求的前提下，对于轻微的偏心，可以与客户进行沟通，制定限度样板标准，限度接受。出现偏心的产品主要是细长的深腔产品。

39.2 缺陷图片

图39-1～图39-5所示为产品内孔偏心的缺陷图片。

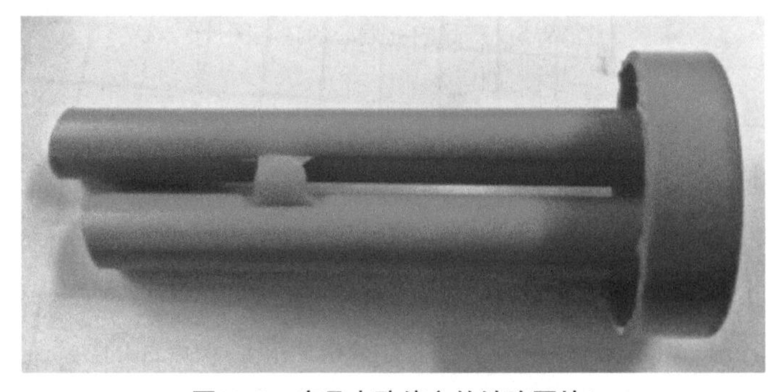

图39-1　产品内孔偏心的缺陷图片1

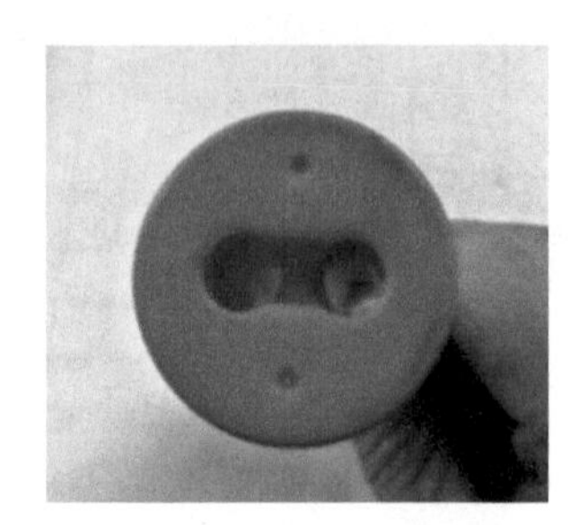

图39-2　产品内孔偏心的缺陷图片2

图39-3　产品内孔偏心的缺陷图片3

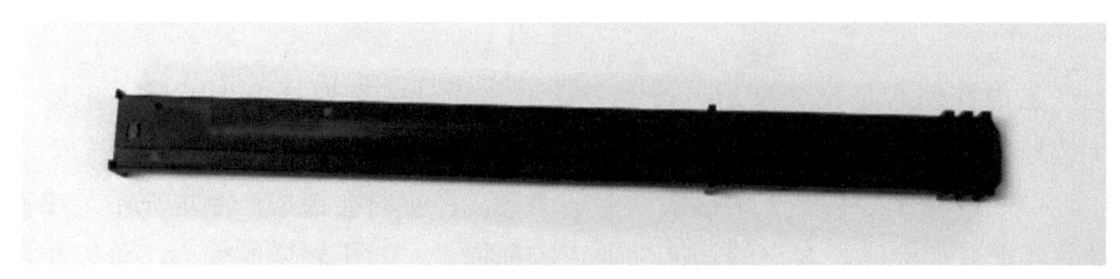

图39-4　产品内孔偏心的缺陷图片4

图39-5　产品内孔偏心的缺陷图片5

39.3 原因分析思路

利用人、机、料、法、环的方法进行分析，将影响产品的所有因素进行分类汇总，再逐步进行分析。图39-6所示为产品内孔偏心的原因分析。

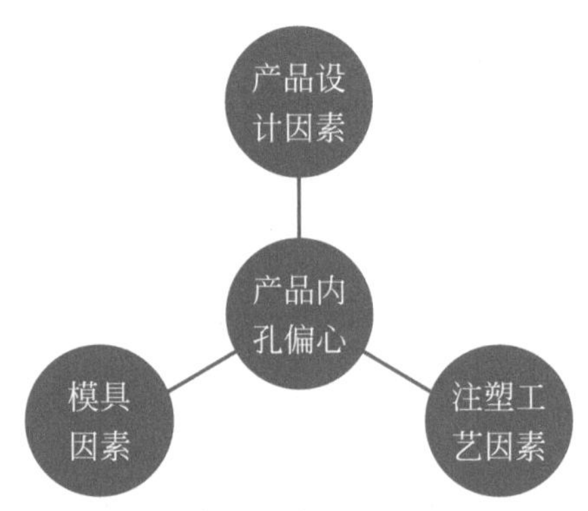

图39-6 产品内孔偏心的原因分析

根据图39-6中的影响因素，针对产品内孔偏心这个问题，按图39-7所示流程进行分析。

图39-7 产品内孔偏心的原因分析流程

出现产品内孔偏心的情况时，首先看产品的结构设计是否合理，如果不合理，就可以确认产品缺陷只能减轻，不能完全杜绝。如果结构设计合理，再考虑是否是模具加工的问题，最后再考虑工艺问题。

39.4 原因分类

1 产品本身有设计长芯的结构，造成先天性偏心缺陷。

2 产品长芯结构未考虑防偏心的结构设计。

模　　具

1 模具长芯加工过程中有较大的偏心，造成产品往一边偏。

2 模具的长芯没有设计冷却系统，生产过程中因为高温造成模具长芯往一边变形而偏心。

3 长芯镶件的强度不足。

4 浇口设计不合理，成型时冲偏型芯。

注塑工艺

1 注射压力过大，把模具长芯镶件冲偏。

2 注射速度过快，使熔融的原料往一边挤压，而形成偏心。

39.5 解决方案

产品设计

1 避免产品长芯结构的设计，改用镶拼结构。

2 长芯产品做碰穿结构，以防偏心。

模　　具

1 提高模具加工精度，设计可调整长芯偏心的模具结构。

2 加强模具长芯镶件的冷却效果。

3 模具长芯镶件设计相对大一点，以保证强度。

4 优化浇口。

注塑工艺

1 低压注射。

2 先以低速进行注射，保证长芯镶件周边都有原料后，再进行高速注射，以降低偏心。

第40章

顶白

40.1 缺陷定义

顶白是指在产品外观上所见到的顶针位置发白或顶凸以及在顶针位置正对面可见的不同光泽所显现的暗痕或阴影痕迹。

此缺陷不属于致命和严重的缺陷，但是如果缺陷发生在外表面上，客户是不可接受的。如果发生在内部装配件上，而且顶白不明显的情况下，可以与客户协商，按限度样板或编写检验标准进行验收产品。

40.2 缺陷图片

图40-1所示为顶白的缺陷图片。

图40-1　顶白的缺陷图片

40.3 原因分析思路

利用人、机、料、法、环的方法对顶白进行分析，将影响产品的所有因素进行分类汇总，再根据产品开发的流程进行分析。图40-2所示为顶白的原因分析。

根据图40-2中的影响因素，针对顶白问题，按图40-3所示流程进行分析。

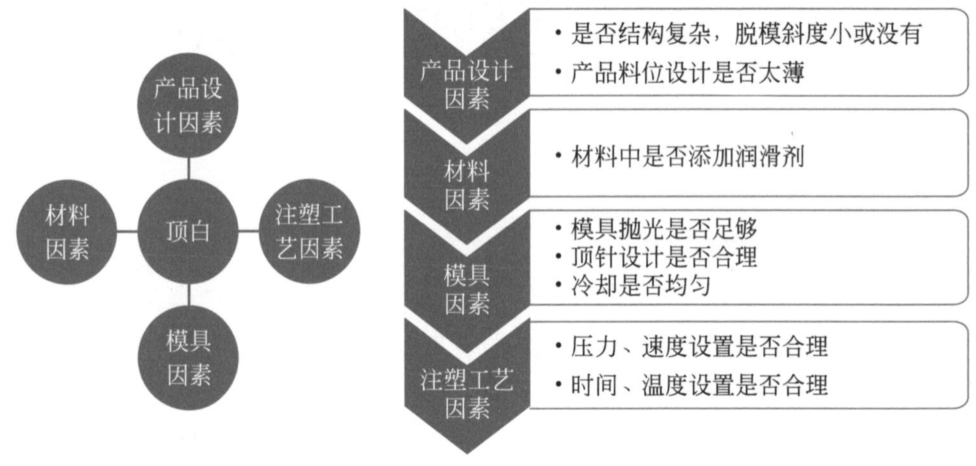

图40-2　顶白的原因分析

图40-3　顶白的原因分析流程

产品出现顶白时，首先检查产品是否太薄而无法承受顶出力，可以先喷脱模剂确认一下。同时查看材料及外围环境，确认缺陷是否有固定的位置或周期性的出现，分析具体的原因所在，再去调整成型参数。

在注塑工艺中对顶白影响最大的因素是顶出速度，速度太快时粘模力太大。所以在调整注塑工艺时，先想办法把产品的粘模力降低。确认不顶出时产品不会出现泛白，那么出现泛白就是因为产品粘前模造成的。有了明确的思路后，问题就能得到解决。

40.4 原因分类

产品设计 1 设计不合理，筋位多，壁厚薄。　2 脱模斜度小。

材　料 原料选择不合理或未添加润滑剂等。

模　具 1 流道太窄、主流道太长或流道的急剧转折都会使流动阻力加大，影响成型参数的调整。

2 浇口尺寸的形式、位置、大小、数量不合理。过小的浇口会造成太大的流动阻力，产生取向应力。

3 顶针设计不合理，如顶出件的类型、排位、大小、位置及数量等。

4 产品在型腔内的冷却不均匀。

5 产品在型腔内处于真空的状态。

6 动模抛光不够。

7 动模脱模斜度不够。

8 顶针与模具钢料的热导率不同，产生顶针痕。

注塑工艺

1 注射压力、注射速度的控制及射出切换位置的选择不当。

2 保压压力以及保压切换位置的选择和背压大小不正确。

3 模具温度参数不合理性，如前后模温参数的设定以及产品对应料位的水路参数选择。

4 料温参数不合理。

5 顶出参数不合理，如顶出速度、顶出压力和顶出方式。

40.5 解决方案

产品设计

1 尽量设计均匀的壁厚，根据产品设计行业标准进行。

2 增加脱模斜度。

材　料　更换材料或增加润滑剂。

模　具

1 调整排位或加大流道。

2 调整浇口的位置与大小。

3 增加顶针或更换较大的顶针。

4 调整模温。

5 加开排气。

6 抛光产品。

7 加大脱模斜度。

8 将顶针位置加料0.05 ～ 0.20mm即可改善这种影响，作用是让塑料流到顶针的地方时产生乱流减少塑料分子链的拉伸受力；在顶针表面做纹面处理。

注塑工艺　顶出过小或距离浇口近时容易受射出压力的影响发生变形，模具开模后顶针回弹，从而产生顶针痕。此状况在产品未顶出时便可以看到。

1 根据产品结构选择适当的射出位置。

2 降低保压压力或时间。

3 调整前后模具温度。

4 根据材料物性表对料温进行调整。

5 降低顶出压力和速度。

第41章

烧焦与填充不足综合缺陷

41.1 产品介绍

图41-1、图41-2所示为烧焦与填充不足综合缺陷案例图片。

产品材料为PA，整个产品都是薄料位，平均壁厚在0.4mm左右，浇口部位壁厚为0.3mm，底部圆部位的壁厚为0.6mm，产品外形尺寸为15mm×15mm×20mm。进料方式采用热流道转冷流道、侧浇口。

成型条件参数如下。

模具成型温度 60～80℃。

成型材料温度 260～290℃。

热流道温度 280～300℃。

注射速度分二段 一段速度为120mm/s，二段速度为80mm/s。

注射时间 0.5s。

注射压力 1500kgf/cm^2。

图41-1 烧焦与填充不足综合缺陷案例图片1

图41-2 烧焦与填充不足综合缺陷案例图片2

41.2 产品问题

产品末端薄料位填充不足并伴随烧焦。

41.3 原因及对策

（1）分析过程

产品设计 整个产品都薄，客户在做产品设计的时候就已经限定了产品的基本尺寸，基本无法做大变更。

材　料 流动性好的尼龙材料，对于超薄产品有一定的益处，但是也容易造成产品困气。

注 塑 机 选择高速电动机。

上面这些都是不可调整的因素。所以只能在模具结构和注塑工艺方面找原因和解决方案。

（2）原因分析

填充不足是由于产品结构设计得太薄，通过选用流动性好的尼龙料和高速成型机尽管弥补了这一设计缺陷。但同时也迫使后续成型生产时需要高速注射速度来满足产品需求。

产品末端烧焦痕是由模具型腔内气体未排出造成的。由于产品需要高速注射成型，所以模具型腔内气体应快速排出型腔外。

（3）方案对策

把注射速度提高到120mm/s后，材料可以流动到产品的末端，改善填充不足。

加大接浇口进料宽度，以降低注射速度，防止困气；在模具流道、分型面、顶针、产品末端加开排气槽，使模具型腔内的气体尽快排尽，改善产品烧焦痕。

经验分享 针对产品烧焦与填充不足同时存在的情况下，产品的外观缺陷就较难以解决了。烧焦需要慢速注射，填充不足需要快速注射，这是一个矛盾，所以需要不断调试成型参数，找到一个能同时解决这两种缺陷的一个折中参数。

第42章 色差、崩缺与填充不足综合缺陷

42.1 产品介绍

图42-1～图42-3所示为色差、崩缺与填充不足综合缺陷的案例图片。

产品材料为LCP，整个产品都是薄料位，平均壁厚在0.3mm左右，产品外形尺寸为6mm×7mm×3mm。进料方式采用冷流道直接浇口进料。

成型条件参数如下。

模具成型温度　60℃。

成型材料温度　360～390℃。

注射速度分二段　一段速度为120mm/s，二段速度为80mm/s。

注射时间　0.5s。

注射压力　1300kgf/cm^2。

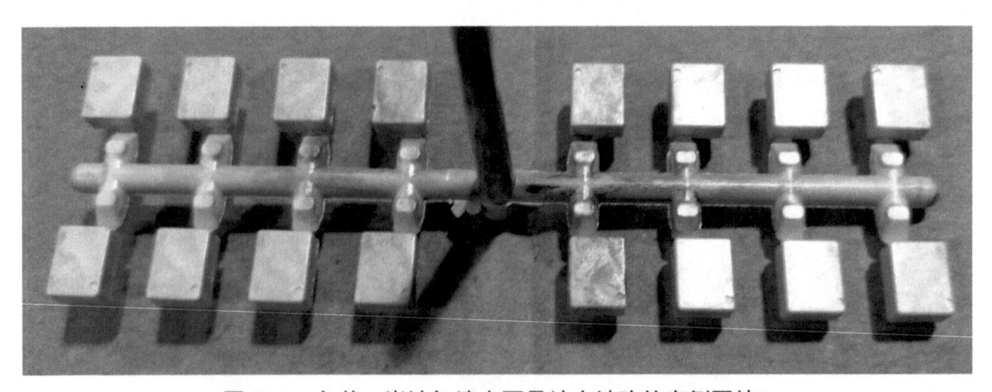

图42-1　色差、崩缺与填充不足综合缺陷的案例图片1

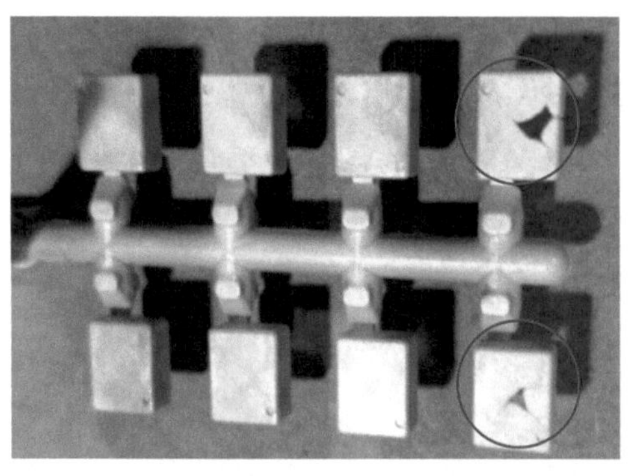

图42-2　色差、崩缺与填充不足综合缺陷的案例图片2

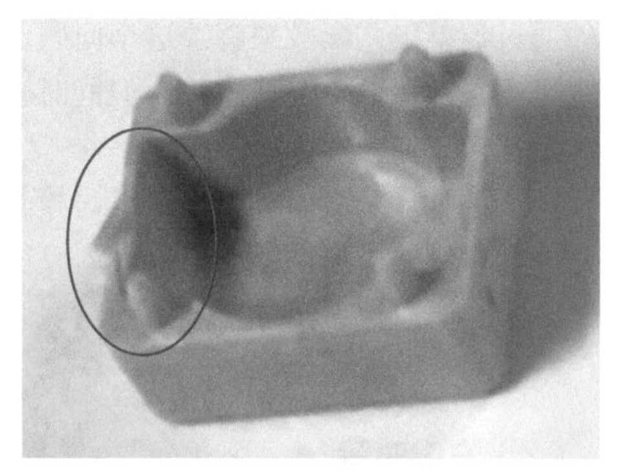

图42-3　色差、崩缺与填充不足综合缺陷案例图片3

42.2 产品问题

产品顶部薄料位有填充不足，并伴随整个产品不同程度的色差，浇口位置还出现崩缺。

42.3 原因及对策

（1）分析过程

一个产品同时存在多种不良的外观缺陷时，需要一个一个单独分析。

产品设计 整个产品都薄，客户在做产品设计的时候就已经限定了产品的基本尺寸，基本无法做大变更。

材　　料 选用流动性好的LCP材料，对于超薄产品有一定的益处，但是材料温度稳定性差，脆性也大，容易造成其他不良缺陷。

注 塑 机 选择高速电动机。上面这些都是不可调整的因素。所以只能在模具结构和注塑工艺方面找原因和解决方案。

（2）原因分析

填充不足是由于产品结构设计得太薄，在客户不想更改产品的情况下，就只能通过调整工艺参数来解决这个问题。尽管通过选用流动性好的LCP料和高速成型机来弥补了这一设计缺陷。但同时也迫使后续成型生产时需要高速注射来满足产品需求。

产品是直接浇口进料，所以与模具的关系并不是很大，从材料分析看，主要是因为材料热稳定性差或在料筒内停留的时间过长造成的。

产品浇口位崩缺主要是由于材料脆性大，同时又伴随着高温对材料降解产生了一定的负面影响造成的。

（3）方案对策

把注射速度提高到120mm/s后，塑料材料可以流动到顶部最薄的位置。

降低材料的熔融温度，缩短熔融料在料筒内的停留时间。并加强操作人员的作业规范性。

（4）经验分享

针对产品色差与填充不足同时存在的情况，产品的外观缺陷就较难以解决。色差需要低温、慢速注射；填充不足需要高温、快速注射，这是一个矛盾，所以需要不断调试成型参数，找到一个能同时解决这两种缺陷的一个折中参数。

第43章

填充不足与飞边综合缺陷

43.1 产品介绍

图43-1、图43-2所示为填充不足与飞边综合缺陷的案例图片。

图中产品为日常生活类型用品——储物箱。产品壁厚在2.5mm左右，材料为PP。采用单点中心热流道进料。

图43-1　填充不足与飞边综合缺陷案例图片1

图43-2　填充不足与飞边综合缺陷案例图片2

产品的天侧部分填充不足，而地侧部分有较大的毛边。

（1）原因分析

模　具 模具加工偏心，造成上下两侧的壁厚差异很大，从而产生毛边；模具上下两侧排气效果差异大。

注塑机 合模系统磨损大，造成注塑机的动模固定板上紧下松。

出现这种较大毛边的情况下，如果是注射速度过快，产品的毛边就会比较均匀，不会产生极度的偏边现象。如果模具加工精度偏差较大，在模具装配前的测量工位就会发现尺寸的明显差别，一般情况下模具是不可能做成这样的。有经验的同行，可以明显确认这是注塑机的问题。

（2）方案对策

模　具 提高加工精度并做检查确认；可以相应地加大排气槽及数量。

注塑机 检查注塑机的合模系统磨损情况，并确认动模固定板的水平度。

针对以上情况，实在没有办法的情况下，可以换台注塑机试试，就可以很快地知道原因所在。

气纹、流痕与收缩凹陷综合缺陷

产品介绍

图44-1、图44-2所示为气纹、流痕与收缩凹陷综合缺陷的案例图片。

产品材料为ABS。产品最厚壁厚有2mm，而平均壁厚为1mm，外形尺寸：直径为15mm，高度6mm。进料方式为直接浇口、侧进料。

图44-1　气纹、流痕与收缩凹陷综合缺陷案例图片1

图44-2　气纹、流痕与收缩凹陷综合缺陷案例图片2

产品问题

产品表面有气纹、流痕与收缩凹陷等不良缺陷。

原因及对策

（1）原因分析

从产品来看，有一定的特殊性，产品属于厚壁类型的产品。产品的气纹与产品远端收缩凹陷及流纹是相互矛盾的。成型工艺中注射速度太快，气纹就会出现；但是注射速度慢的话，由于熔融料走到远端，产品远端收缩凹陷就会出现，同时会伴随流纹的出现。

气纹的原因 注射速度快及材料未烘干。

缩水的原因 浇口离料厚处远，速度慢，保压无法到远端。

流纹的原因 注射速度太慢。

（2）方案对策

这个案例的问题要想彻底解决的话，首先，从产品设计方面入手，尽量使产品的厚度保持一致，筋位设计要按产品设计的标准进行规范。其次，模具排气系统要充分，产品壁厚确实厚的情况下，浇口要相对大一点。最后，调整成型工艺参数，寻找既满足产品不收缩凹陷、少流纹又没有气纹的一个最佳注射速度。同时要适当增加材料和模具的温度，可以间接地降低注射速度，增加保压压力来防止收缩凹陷。

如果在不修改产品和调整模具结构的前提下进行成型工艺的调试，要达到产品没有气纹、流痕和收缩凹陷是很难满足的，就算找到这个最佳速度，生产也是不稳定的，产品良率会大大下降，相对成本就升高了。建议从产品和模具方面改善后再生产。

塑料产品缺陷分析的思维导图

影响塑料产品缺陷的因素是多种多样的，对于初学者来说，可能无从下手或者没有很好的思路去分析和解决问题。下面将运用思维导图的分析方法，简单、通俗易懂地描绘出影响塑料产品品质、造成塑料产品缺陷的因素，从人、机、料、法、环等方面进行全方位的分析，把大部分影响塑料产品品质的因素都体现在思维导图树中，可以较全面地得到产品的解决方案，也便于初学者进行记忆，见图45-1。

从思维导图中可以看出，模具和注塑工艺方面的影响因素是最多的，所以我们经常会看到在注射成型时，注塑工程师不断尝试新的工艺参数，从注塑的五大参数中进行变换与排查。如果注塑工艺无法满足的情况下，大家首先会想到模具的影响因素。注塑工程师是较难发现模具问题的，也难以想象如何能做到改善。思维导图中可以为注塑工程师提供思路从模具具体的各个方面去思考产品问题与所产生的原因。当然有些产品缺陷问题是综合性的，就很难做决定，可以通过会议的形式，集大家的技术经验讨论，得出较好的解决方案。

为了解决塑料产品缺陷，作为一位工程师应该具有虚心学习的心态，从思维导图中，分析自己所欠缺的技术知识和经验，不断完善和充实自己，提升自我技术水平，为企业、为行业做一份自己的贡献。

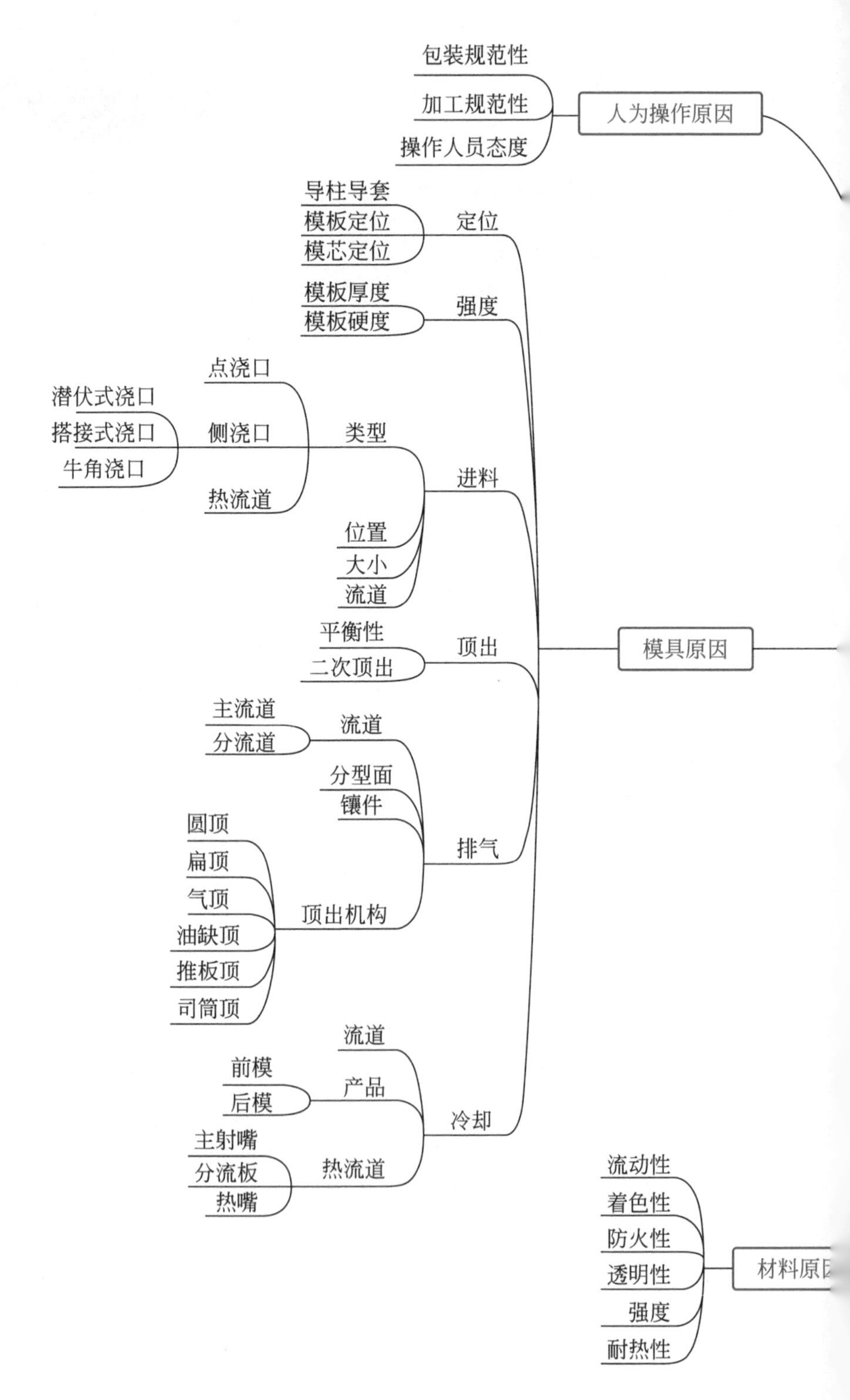

人为操作原因
包装规范性
加工规范性
操作人员态度
模具原因
定位
导柱导套
模板定位
模芯定位
强度
模板厚度
模板硬度
进料
类型
点浇口
侧浇口
潜伏式浇口
搭接式浇口
牛角浇口
热流道
位置
大小
流道
顶出
平衡性
二次顶出
排气
流道
主流道
分流道
分型面
镶件
顶出机构
圆顶
扁顶
气顶
油缺顶
推板顶
司筒顶
冷却
流道
产品
前模
后模
热流道
主射嘴
分流板
热嘴
材料原
流动性
着色性
防火性
透明性
强度
耐热性

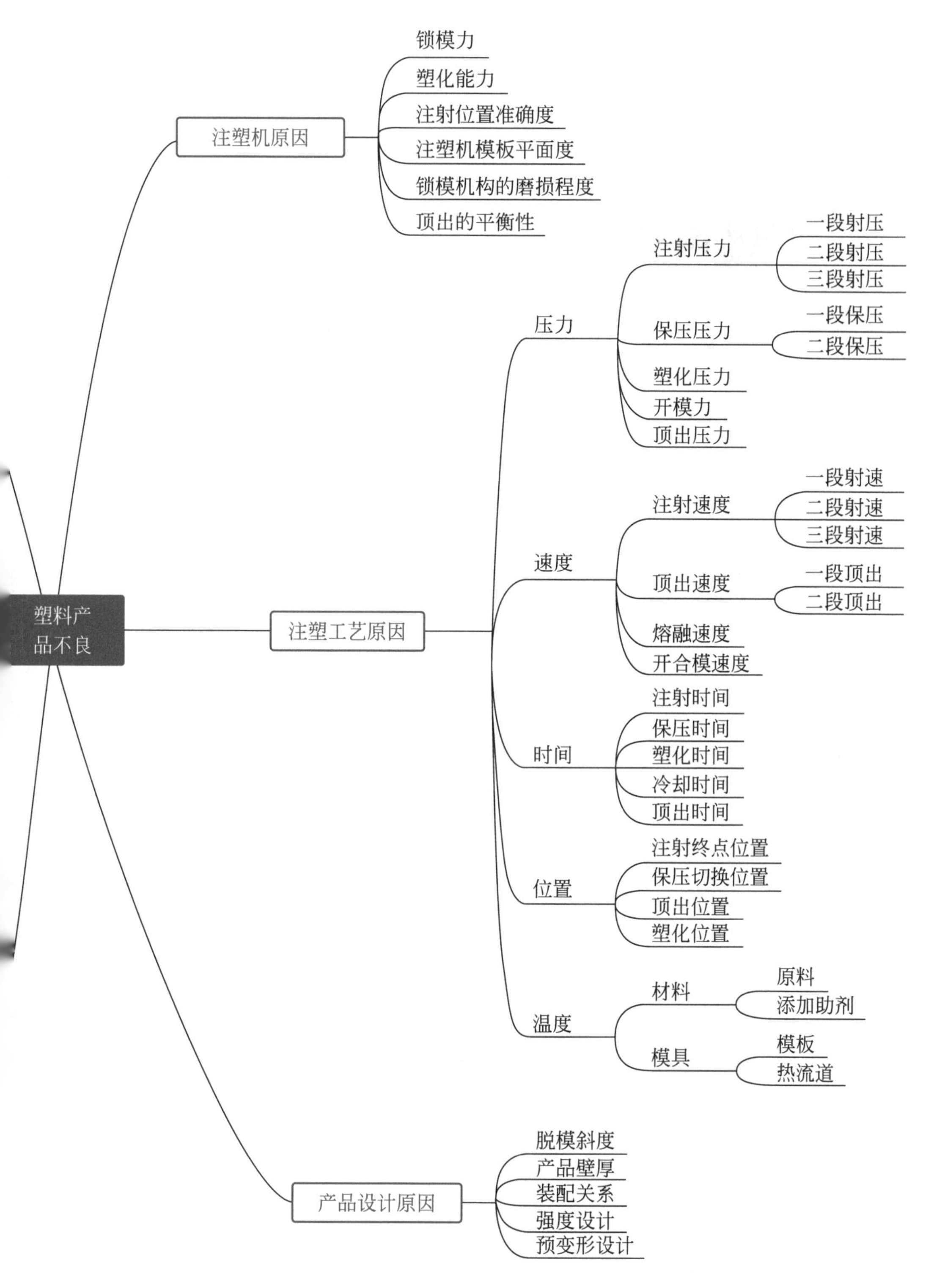

图45-1 缺陷分析思维导图

[1] 蔡恒志. 注塑制品成型缺图集[M]. 北京：化学工业出版社，2011.
[2] 李忠文，蒋文艺，陈延轩，蔡恒志. 精密注塑工艺与产品缺陷解决方案[M]. 北京：化学工业出版社，2008.
[3] 文根保. 注塑模优化化设计及成型缺陷解析[M]. 北京：化学工业出版社，2018.